广州市人文社会科学重点研究基地（2021-2023）
——广州国家中心城市研究基地专项经费

中国适度环保投入率研究

ZHONGGUO
SHIDU HUANBAO TOURULÜ YANJIU

陈智颖 著

中国财经出版传媒集团
经济科学出版社
Economic Science Press

图书在版编目（CIP）数据

中国适度环保投入率研究／陈智颖著．--北京：经济科学出版社，2023.6

ISBN 978-7-5218-4645-4

Ⅰ.①中… Ⅱ.①陈… Ⅲ.①环境保护-资本投入-研究-中国 Ⅳ.①X196

中国国家版本馆CIP数据核字（2023）第052428号

责任编辑：周胜婷
责任校对：蒋子明
责任印制：张佳裕

中国适度环保投入率研究

陈智颖 著

经济科学出版社出版、发行 新华书店经销

社址：北京市海淀区阜成路甲28号 邮编：100142

总编部电话：010-88191217 发行部电话：010-88191522

网址：www.esp.com.cn

电子邮箱：esp@esp.com.cn

天猫网店：经济科学出版社旗舰店

网址：http://jjkxcbs.tmall.com

固安华明印业有限公司印装

710×1000 16开 13.5印张 200000字

2023年7月第1版 2023年7月第1次印刷

ISBN 978-7-5218-4645-4 定价：82.00元

（图书出现印装问题，本社负责调换。电话：010-88191545）

前　言

当前，由经济发展导致的全球性环境恶化问题日趋严峻，寻找经济建设与环境保护的平衡点、实现经济的可持续发展已经成为全世界大多数国家的共识。党的二十大报告中明确指出，“坚持山水林田湖草沙一体化保护和系统治理，统筹产业结构调整、污染治理、生态保护、应对气候变化，协同推进降碳、减污、扩绿、增长，推进生态优先、节约集约、绿色低碳发展”。由此可见，如何切实贯彻落实党的二十大精神，实现中国经济的绿色高质量发展，是当前乃至未来一段时间必须解决的重要问题。

环境治理问题涉及经济学的外部性概念，一直以来为学术界所关注。传统经济学理论认为，环境保护具有正外部性，因此政府是环境治理的主要推手。然而，随着近年来绿色金融的兴起，市场在环境治理上发挥的作用已然愈加明显。环境治理正逐渐由政府单一决策向政府、社会协调的模式转变。现有文献在关于绿色经济发展方面的研究已比较丰富，但大多只单一针对政府的财政支出、环境规制、补贴措施如何影响绿色经济发展，或者市场化的绿色金融对产业结构、环保技术创新、低碳生产、减少排污产生的影响，但将二者相结合讨论的研究相对较少，更鲜有对于如何提升政府与市场环保投入效果的策略性研究。

本书认为，经济的绿色高质量发展，本质上可以拆分为两组力量的交互博弈：一是经济建设与环境保护的交互博弈，在这两者之间是否存在一种最佳的平衡？二是政府力量与市场力量的交互博弈，在这两者之间是否也存在一种最佳的平衡？这两组力量的交互博弈，应在一个统一的框架内进行分析，而不应割裂成两个部分。尤其是在中国当前面临高质量发展转型、构建全国统一大市场的背景下，厘清政府与市场之间交互影响的积极与负面作用便显得尤为重要。因此上述两组力量的博弈最终又可以融合为一个概念，即适度环保投入。本书所探讨的适度环保投入，是指在实现经济建设与环境保护协调发展中，政府与市场相协调的环保投入。它不仅要求经济建设与环境保护实现最佳平衡，而且要求实现这一最佳平衡的政府环保投入与市场环保投入，同样实现最佳平衡。

围绕上述主题，本书在系统梳理相关文献的基础上，以论证中国适度环保投入率的存在性为起点，对中国环保投入率进行了测算。随后，以国家中心城市建设为实验样本，探讨了外生政策对适度环保投入率的影响。最后，基于现实与理论的偏差，提出促进环保投入率适度化的策略构想。

本书包含八章内容。第 1 章系统介绍本书的选题背景与意义，研究内容与方法、结构框架及创新点。第 2 章主要对与本书研究相关的基本理论以及与各章节研究相关的文献进行了梳理，讨论现有研究对本书研究的启发与帮助、存在的不足以及本书主要的工作。第 3 章探讨了中国环保投入发展现状与问题，回顾改革开放以来中国环保产业的发展历程与环保投入的演变情况，并总结当前中国环保投入面临的问题，为后续章节的研究提供现实依据。第 4 章从理论与实证两个层面对中国适度环保投入率的存在性进行了论证。研究结果表明，中国的环境库兹涅茨曲线具有倒 U 型特征，且不同污染物具有不同程度的时空依赖性。当人均 GDP 达到 6 万元 (2004 年物价水平) 以后，经济增长将不再导致环境质量恶化，相反会促进环境质量改善。目前中国大部分省份的人均 GDP 低于该拐点值，经济建设与环境保护仍存在两难冲突，因此理论上存在实现经济建设与环境保护协同发展的适度环保投入率。第 5 章采用空间计量模型对中国适度环保投入率进行了测算。测算结果显示，在政府力量与市场力量的交互作用下，目前政府的适度环保投入率约为 2.22%，而市场的适度环保投入率约为 8.20%。与现实相比，存在政府投入过多、市场投入不足的问题。这就需要探讨现行的外生政策将对政府与市场的环保投入率产生怎样的影响，以及能否构建促进环保投入率适度化的策略。第 6 章以国家中心城市战略这一典型的外生政策为案例，研究了外生政策对环保投入率以及中国绿色经济的影响。通过对国家中心城市建设这一政策措施进行准自然实验，发现该政策能够提高市场环保投入率，并通过多个中介因素提升中国的绿色经济发展水平，但对政府环保投入率的影响有限，因此需要构建环保投入率适度化的策略。第7章基于第5章、第6章的研究结果，采用演化博弈模型构建了一种由政府主导的投贷联动策略以促进中国环保投入率适度化，并通过数据仿真的形式对策略有效性进行了验证。研究结果显示，保证策略顺利开展的前提是政府向金融机构提供充足的流动性补偿，而最终实现环保投入率适度化的必要条件是金融机构对环保企业的扶持能力足够强。因此政府需要与金融机构建立长效的合作机制，金融机构需要针对环保企业提升投融资管理能力。第8章总结了全文的研究成果及主要研究结论，并基于研究结论提出相关政策建议。

与现有研究相比，本书的主要创新点为：一是从理论和实证两方面论证了适度环保投入率的存在性；二是从政府与市场两方面考察适度环保投入，并测算出了目前中国的政府适度环保投入率与市场环保投入率；三是以国家中心城市战略为实验样本，从多个角度论证了这种外生政策对环保投入率的影响，以及如何以环保投入为中介影响中国的绿色经济发展；四是构建了政府与市场协调的投贷联动策略以推动环保投入率适度化，并通过演化博弈的方式验证了策略的有效性。

依托本书的研究内容，笔者先后在《数量经济技术经济研究》《运筹与管理》等核心刊物发表多篇文章，取得了一定的科研成果。但限于本人能力有限，本书仍多有疏漏，需进一步改进与完善。敬请各位专家同行与读者批评斧正！

陈智颖

2023年2月

第1章

导　论

1.1　研究背景及研究意义

1.1.1　研究背景

经济建设与环境保护之间存在着对立统一的关系。如何在不影响经济增长的前提下减少经济建设对环境的负面影响，实现经济建设与环境保护的协调发展，一直是学术界与实务界关注的焦点。在此背景下，"绿色经济"的概念应运而生。这一概念最早由皮尔斯等（Pearce et al，1989）提出，目前已经成为全世界大多数国家的共识，其核心思想是经济与环境的和谐发展。中国长期坚持践行的可持续发展战略，其内涵就包含了绿色经济、绿色发展的思想。这一战略的产生与兴起可以追溯到20世纪70年代，1979年9月《中华人民共和国环境保护法（试行）》在第五届全国人大常委会上通过，标志着中国进入环境保护的法治化时期，可持续发展战略也具备了法理依据。2001年5月，国家环保总局颁布了《关于加快发展环保产业的意见》，可持续发展战略进入新阶段，环保产业的发展也正式进入快车道。图 1 - 1 反映了 2001 ~ 2017 年全国环境污染治理投资总额及其占 GDP 的比重。可以看到，在 2010 年以前，环境污染治理投资呈持续上升趋势，其占 GDP 的比重在 2010 年达到峰值 1.84%。但从 2011 年开始，尽管环境污染治理投资总额仍在波动中上升，但其占 GDP 的比重呈持续下滑趋势，在 2017 年已下降至 1.15%，仅仅高于 2001 年的 1.01% 和 2002 年的 1.13%。究其原因，2008 年的金融危机导致全球经济衰退，中国在经济全球化的时代中也难以独善其身，由改革开放以来长期保持的双位数增长降低至个位数增长。由于中国目前尚未完成工业化与城镇化，并且正处于全面建设小康社会的关键时期，因此经济增长速度的下滑势必会降低全社会在环境保护领域的投入。但同时，中国经济也面临从高速增长向高质量增长发展模式的转型。原因在于改革开放以来经济的高速增长带来了环境质量的持续恶化，这与中国坚持的可持续发展战略是相悖的（杨丹辉和李红莉，2010；林美顺，2017）。因此需要采取节能、环保、高效率的经济发展模式，取代传统高能耗、高污

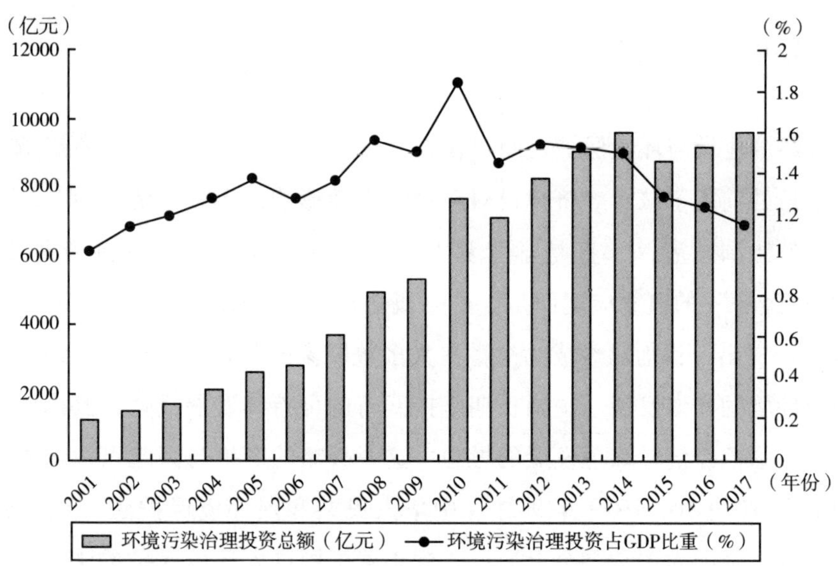

图 1 - 1　2001 ~ 2017 年全国环境污染治理投资总额及其占 GDP 比重

资料来源：笔者根据历年的《中国环境统计年鉴》《中国统计年鉴》计算得到。

染、低效率的经济发展模式，这势必要求将更多的资源用于环境保护。由此可见，中国未来的发展面临来自经济建设与环境保护的双重压力，能否找到一条适合中国自身的绿色发展路径便成为学术界和实务界关注的焦点。

绿色发展的核心思想是在有限的资源禀赋下实现经济与环境的和谐发展，因此这首先涉及经济发展与环境质量的内在联系。众所周知，经济建设不可避免地伴随着污染排放。然而，20 世纪 90 年代产生的环境库兹涅茨曲线假说（environmental Kuznets curve，EKC）指出，当经济发展到一定水平后，经济增长将引起环境质量提高。安德里尼和莱文森（Andreoni & Levinson，2001）对此的解释是，随着经济发展水平的提高，能够用于污染治理的资源也增多，因此当污染治理能力超过产生的污染后，经济发展与环境保护将不再是非此即彼的两难冲突，而是相互促进、相互依存的共生关系。那么，中国的经济发展水平是否已经达到环境库兹涅茨曲线假说提出的拐点水平？图 1 - 2 反映了 2003 ~ 2017 年四种主要污染物单位 GDP 排放量变化情况。

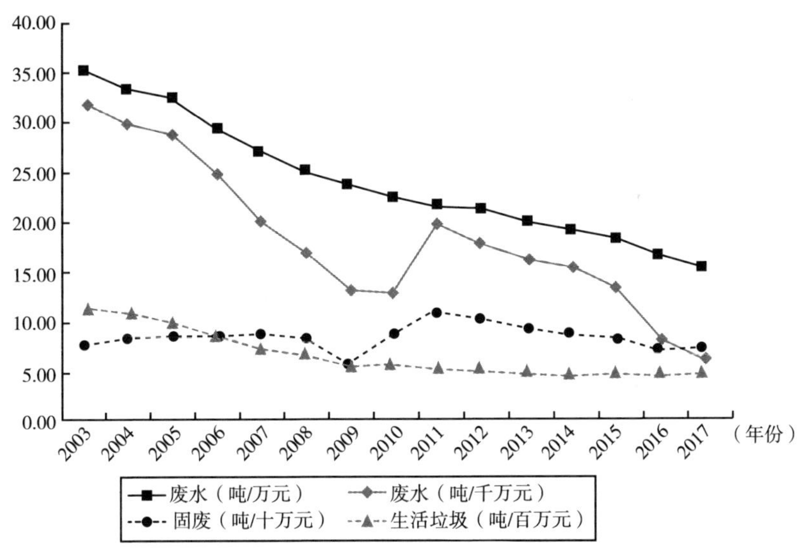

图 1 - 2　2001 ~ 2017 年四种主要污染物单位 GDP 排放量

资料来源：笔者根据历年的《中国环境统计年鉴》《中国统计年鉴》计算得到。

由图1－2不难看出，废水、废气的单位GDP排放量整体呈下降趋势，这表明中国在废水和废气的污染治理方面已经取得了一定的成果；但固体废弃物与生活垃圾的单位GDP排放量并未呈现明显的下降趋势，这也意味着对这两类污染物的治理仍需进一步加强，增加更多的环保投入以提高企业的绿色生产技术、增加城市环保卫生设施建设等。因此根据当前的污染排放数据无法直接断言中国已经达到了拐点水平。这就要求对中国当前经济发展与环境质量的内在联系进行更深入的研究：如果经济发展与环境质量提高能够形成环境库兹涅茨曲线假说提出的正反馈效应，那么未来中国面临的经济建设与环境保护的双重压力就相对较小，能够将更多的资源用于经济建设；反之，如果经济发展仍会导致环境质量恶化，有限的资源就必须在经济建设与环境保护之间进行有效权衡，因此有必要寻找一种适度的环保投入率以实现资源使用效率最大化。

寻找适度环保投入率与发展绿色经济的内涵是一致的，即在现有的资源禀赋约束下，实现经济增长与环境保护的齐头并举。这要求环保投入既能满足正常的污染治理、节能减排的需求，也不会因过度环保而约束了正常的经济增长需求。环保投入通常来自两方面，一方面是政府的环保类财政支出，另一方面来自市场对环保产业的投资。经济学理论认为，环保投入的私人收益低于社会收益，因此具有正外部性，市场供给存在不足。在这种情况下，就需要由政府这只“看得见的手”进行市场干预。表1－1、表1－2给出了部分年份我国29个省份的地方政府在节能环保方面的公共支出，可以看到，我国大部分省份政府的节能环保支出总额与其占政府一般公共预算支出的比重都呈上升趋势。

然而，仅凭政府的财政支出无法充分满足环境治理的需求，因此随着绿色发展理念的不断深化，环境治理的外延不断延伸，市场的环保投入发挥的作用越来越明显。截至2017年末，全国各类以环境保护、污染治理、节能减排为导向的绿色融资总余额约9万亿元，其中绿色信贷余额占比超过95%，达到8.2万亿元，约占金融机构人民币贷款总量的7%（谢婷婷和刘锦华，2019）。同时，自2015年以来，全国各地大量兴起环保类PPP

项目，反映出政府与市场在环保投入方面的协调合作也变得越来越紧密。可见，政府与市场均在不断加强环保投入，也取得了较好的环境改善效果。然而，政府与市场并驾齐驱不断加大环保投入的现状不禁引人反思：目前政府与市场的环保投入是过剩还是不足？政府与市场的环保投入之间是否存在挤入或挤出的影响效果？能否找到最有利于中国绿色经济发展的政府环保投入率与市场环保投入率？如果能从理论与实证上回答上述问题，那么不仅有助于更准确地认识中国绿色经济的发展水平，而且能够基于理论估计的适度环保投入率与实际环保投入率之间的偏差提出相应的政策建议，建立环保投入率适度化策略，从而推进中国的绿色经济更有效率地增长。基于上述背景，本书以“中国适度环保投入率”为核心展开研究，以期为中国发展绿色经济提供理论参考与政策建议。

表1－1　　部分年份29省份政府节能环保支出　　单位：亿元

省份	2004年	2008年	2012年	2017年
北京	65.4	124.0	255.0	475.6
天津	42.7	55.2	117.2	50.9
河北	91.2	168.9	361.7	433.0
山西	45.0	114.3	244.2	198.8
内蒙古	44.3	109.5	331.2	299.9
辽宁	118.9	132.8	508.6	156.7
吉林	35.4	48.3	76.9	65.5
黑龙江	61.3	80.1	162.3	93.9
上海	70.3	124.5	99.8	114.6
江苏	205.0	321.1	489.0	511.3
浙江	158.3	421.5	279.4	323.7
安徽	41.3	112.7	245.7	360.9
福建	52.6	67.4	165.6	160.4
江西	29.6	31.8	235.2	225.5
山东	191.9	350.5	550.0	678.1

续表

省份	2004 年	2008 年	2012 年	2017 年
河南	61.1	89.1	155.9	458.4
湖北	44.8	73.1	212.5	310.6
湖南	29.0	74.1	141.6	156.7
广东	112.2	133.5	193.6	261.7
广西	32.0	75.4	141.8	131.6
重庆	48.2	54.6	139.1	158.7
四川	74.7	81.7	132.7	220.3
贵州	15.4	18.8	51.3	154.9
云南	22.6	35.8	98.5	101.9
陕西	35.7	61.2	134.4	224.8
甘肃	16.5	25.3	90.3	63.8
青海	6.3	14.7	17.9	29.4
宁夏	18.1	25.1	41.5	60.3
新疆	37.8	38.7	189.8	275.5
全国平均	62.3	105.6	202.2	233.0

资料来源：历年的《中国统计年鉴》，并按 2004 年固定资产投资价格指数进行平减。

表 1-2　部分年份 29 省份政府节能环保支出占一般公共预算支出比重　单位：%

省份	2004 年	2008 年	2012 年	2017 年
北京	0.44	1.81	3.08	6.72
天津	1.05	1.27	1.80	3.36
河北	0.39	4.06	3.14	5.32
山西	0.34	4.89	3.20	3.43
内蒙古	0.44	5.48	3.84	3.17
辽宁	0.61	2.24	2.05	2.18
吉林	0.24	3.86	4.61	3.09
黑龙江	0.38	3.15	3.31	4.16
上海	0.47	0.97	1.32	2.98
江苏	0.89	2.93	2.76	2.75

续表

省份	2004 年	2008 年	2012 年	2017 年
浙江	0. 57	2. 11	1. 87	2. 53
安徽	0. 29	3. 32	2. 41	3. 20
福建	0. 27	1. 23	1. 86	2. 58
江西	0. 44	2. 63	2. 22	2. 81
山东	0. 72	2. 17	2. 62	2. 56
河南	0. 30	3. 32	2. 19	2. 94
湖北	0. 33	2. 48	2. 54	2. 05
湖南	0. 39	2. 36	2. 66	2. 52
广东	0. 45	1. 25	3. 19	2. 88
广西	0. 43	2. 16	2. 01	1. 73
重庆	0. 67	5. 21	4. 22	3. 57
四川	0. 27	2. 68	2. 49	2. 27
贵州	0. 24	3. 84	2. 39	2. 72
云南	0. 28	3. 98	2. 83	3. 14
陕西	0. 34	4. 11	2. 83	3. 36
甘肃	0. 24	4. 84	3. 50	3. 09
青海	0. 09	5. 38	3. 80	3. 98
宁夏	0. 34	5. 39	4. 09	4. 20
新疆	0. 32	2. 88	2. 36	1. 18
全国平均	0. 42	3. 17	2. 80	3. 12

资料来源：历年的《中国统计年鉴》，并按 2004 年固定资产投资价格指数进行平减。

1.1.2 研究意义

从理论意义来看，本书首先通过研究中国经济发展与环境质量的内在联系，判明了中国适度环保投入率的存在性：如果两者为正相关，那么经济建设与环境保护就不存在两难冲突，因此也不存在适度环保投入的问题；反之，如果两者为负相关，那么理论上存在一种达成经济建设与环境保护最佳平衡的适度环保投入率。其次，本书以政府与市场两方协调的角度研究适度环保投入率，避免了陷入仅研究某一方适度环保投入率的窠臼，而现有文献在研究政府的环保投入效果时通常没有考虑市场环保投入产生的影响，在研究市场环保投入时也鲜有同时探讨政府与市场环保投入的相互协调作用的。事实上，近年来绿色信贷规模不断扩大，已经成为环保产业发展不可忽视的推动力，忽略这部分影响可能会使得政府在环境保护上过度投资，以及在诸如教育、医疗、基础设施建设等其他公共服务上的投资不足；绿色信贷的增加有利于改善环境、帮助企业淘汰落后产能、推动产业结构转型升级，但政府对企业的环保补贴会使企业产生依赖心理，导致绿色信贷能充分发挥其使用效率，金融机构也会因绿色信贷收益不高而降低信贷意愿。因此，本书从理论和实证两方面对政府与市场协调下的适度环保投入率进行了论证与测算，是对现有关于绿色经济、环保投入研究的补充与完善。

从现实意义来看，2020 年 9 月 22 日，习近平总书记在第七十五届联合国大会上提出中国将争取在 2060 年前实现“碳中和”，这意味着环境保护在中国未来的经济发展中将扮演更加举足轻重的角色，传统的“以环境换经济”的发展道路已经行不通。当前全球经济深度衰退、国内外环境不确定性不断增多，面对经济建设与环境保护的双重压力，中国亟须找到一个既有利于经济增长，又有利于改善环境质量的适度环保投入率。本书第 4、第 5 章对适度环保投入率的存在性进行论证与理论值测算，为政府和市场在环保投入方面的决策提供了参考依据，利用该结论可以避免为治理环境而盲目增加环保投入，能够提高要素和资源的配置效率。第 6 章针对国家中心城市战略这一国家级的城市化战略展开研究，探讨了外生政策对当地的环保投入率产生的影响，以及促进当地的绿色经济发展情况。此外，尽管目前各地方政府积极推进环保类 PPP 项目的开展，但主要偏重于基础设施建设，而在提高环保产业的核心竞争力、扶持中小型环保企业成长方面的政策措施不足，这也一定程度上导致了现实中政府环保投入过多、市场环保投入不足的问题。据此，本书第 7 章构建了环保投入率适度化策略，从宏观来看有助于推动政府与市场整体的环保投入率适度化，从微观来看有助于促进中小型环保企业健康成长。因此本书的研究结论不仅具有理论价值，而且更具有现实的政策内涵与实操性。

1.1.3 主要概念界定

对相关概念的界定是展开研究的基础。本书最核心的概念即“适度环保投入率”，尽管目前鲜有文献对这一概念直接定义，但事实上其与“绿色经济”是一体两面的概念。在皮尔斯等（Pearce et al，1989）的定义中，绿色经济意味着收入、教育、国民健康等总体生活质量的持续改善，这要求在经济发展的同时注重环境保护、避免过度透支现在与未来的环境资源。后续研究从可持续发展、低碳经济、循环经济、科技创新等不同角度（刘思华，2001；杨志和张洪国，2009；Weizsacker et al，2009）拓展了绿色经济的内涵，但大多数研究更侧重环境保护的重要性。

本书讨论的“适度环保投入率”秉承了现有文献对绿色经济内涵的定义，但更侧重于当经济建设与环境保护存在冲突时的“权衡”。所谓权衡，一方面要求环保投入应足够充分，以应对经济建设产生的污染排放和资源消耗，确保经济发展的可持续性；另一方面则要求环保投入不应过度，避免因过度苛求环境质量的提高而放弃了正常的经济建设。在这种权衡的思想下，实现经济建设与环境保护协同发展的环保投入占全社会总投入的比重，就是本书定义的“适度环保投入率”。显然，如果实际环保投入率低于适度环保投入率，那么就应该继续增加环保投入，减缓经济增长，改善环境质量；相反，如果实际环保投入率高于适度环保投入率，那么就意味着当前的环保投入是过度的，应减少环保投入，加快经济建设。

本书在实际测算中，采用“最高的绿色经济增长率”代表“经济建设与环境保护协同发展”这一权衡结果。同时，本书将环保投入拆解为政府投入与市场投入两部分，分别测算政府的适度环保投入率与市场的适度环保投入率，以讨论政府力量和市场力量在环境保护方面发挥的作用。政府的环保投入率采用“政府节能环保支出占一般公共预算的比重”衡量，而市场的环保投入率采用“绿色信贷占全部人民币贷款总额的比重”衡量。

1.2 研究内容及研究方法

1.2.1 研究内容

本书的主要研究内容包含四个部分：

（1）判别适度环保投入率的存在性。本部分研究是后续章节的逻辑基础，包含两个层面的内容：第一，从理论上论证适度环保投入率是否存在，以及存在的必要条件是什么。第二，采用中国的数据进行实证检验，判别当前中国的经济发展与环境质量情况是否满足适度环保投入率存在的必要条件。

（2）测算政府与市场的适度环保投入率。本部分研究包含两个层面的内容：第一，在前文关于中国适度环保投入率存在性判别的基础上，建立理论模型刻画政府与市场的环保投入对推动绿色经济发展的作用，以及政府与市场环保投入之间的相互影响。第二，通过实证模型检验理论模型的合理性，并对政府与市场的适度环保投入率进行测算。在此基础上，将理论结果与当前中国的实际情况进行对比，为后续政策建议提供依据。

（3）检验国家中心城市战略对四个试点地区环保投入率的影响。本部分研究包含三个层面的内容：第一，检验政策是否会对当地政府环保投入率与市场环保投入率产生影响，以及这种影响是正面还是负面的。第二，检验政策是否促进了当地绿色经济发展。第三，检验从环保投入率到绿色经济之间是否存在一条影响路径，从而揭示政策对环保投入率适度化的影响效果。

（4）构建中国环保投入率适度化策略。本部分基于理论与现实的偏离，构建一种针对科技型环保企业的投贷联动策略，以推动政府与市场的环保投入率适度化。这部分研究同样包括两个层面的内容：第一，根据中国环保产业的发展现状，建立环保投入率适度化策略的理论模型，并论证政策的可行性与必要条件。第二，对政策措施的理论结果进行数据仿真，检验政策的运行效果。

1.2.2 研究方法

本书的研究方法主要有以下四种：

一是通过新古典一般均衡模型论证经济发展与环境质量的内在联系、EKC 的形成原因以及适度环保投入率的存在性。

二是通过空间计量模型对理论模型提出的假说进行实证，并对适度环保投入率进行测算。采用空间计量模型的原因在于环境污染通常会向邻近区域扩散，而环境治理同样具有区域正外部性，因此将空间因子引入计量模型得到的结论更贴近现实。

三是通过双重差分法、合成控制法、中介效应检验等方法对国家中心城市战略的政策效果进行检验。为确保实验结果的准确有效并使结论更加丰富，进一步进行了稳健性、异质性等方面的检验。

四是通过演化博弈模型构建环保投入率适度化策略并进行数据仿真。采用演化博弈模型的原因在于，所构建的政策措施涉及多个经济主体的决策，这些决策的选择受其他主体决策的影响，而在市场信息不完全、经济主体认知水平有限时，经典的纳什博弈条件不能完全满足，因此需要通过演化博弈讨论这些经济主体的决策演化，并通过调整参数讨论博弈能否达到预期结果，从而找到达成政策既定目标的必要条件。

1.3 研究框架

本书以适度环保投入率为研究核心，在梳理现有文献的基础上，首先从理论与实证两方面论证目前中国是否存在适度环保投入率，然后从政府与市场协调的角度对适度环保投入率进行测算，最后基于测算值与实际投入率的偏差以及环保产业的发展现状构建环保投入率适度化策略。具体框架如下：

第 1 章导论，介绍本书选题背景与意义，研究内容与方法、结构框架及创新点。

第 2 章相关理论与文献综述，主要从基本理论和各章节相关研究两部分对现有文献进行梳理，讨论现有文献对本书研究的启发与帮助。

第 3 章中国环保投入发展现状与问题。本章回顾了改革开放以来中国环保产业的发展历程与环保投入的发展现状，并总结当前中国环保投入面临的问题，为后续章节的研究提供现实依据。

第 4 章中国适度环保投入率的存在性判别。本章首先基于安德里尼和莱文森（Andreoni & Levinson，2001）的研究论证了适度环保投入率的存在性；接下来通过空间计量模型验证了中国四种主要污染物及其合成的环境污染综合指数的环境库兹涅茨曲线形态、拐点位置，从而判别中国适度环保投入率的存在性，为第 5 章测算适度环保投入率研究奠定基础。

第 5 章中国适度环保投入率测算。本章首先对绿色 GDP 进行了核算；接下来采用空间计量模型实证测算实现绿色 GDP 增长率最高的政府、市场适度环保投入率；最后将适度环保投入率的理论值与现实情况进行比较，明确两者之间的分歧所在，为第 6 章构建环保投入适度化策略奠定基础。

第 6 章国家中心城市战略与中国环保投入率适度化。本章首先采用双重差分法对国家中心城市战略是否影响实施地区政府、市场环保投入率进行了检验，并探讨了不同区域、不同经济发展水平下政策影响效果的差异；随后采用合成控制法对国家中心城市战略是否提升了当地绿色经济进行检验；最后对国家中心城市战略如何通过影响当地环保投入率进而影响当地绿色经济的路径机制进行中介效应检验。

第 7 章中国环保投入率适度化策略构建与数据仿真。本章首先构建了一种投贷联动策略，以实现政府和市场的环保投入率适度化；接下来通过演化博弈工具研究策略参与主体的行为选择，并对策略运行效果进行数据仿真；最后以此为依据形成实现环保投入率适度化的政策建议。

第 8 章研究结论与政策建议。本章总结全文的研究成果及主要研究结论，并提出相关政策建议。

1.4 本书的创新点

相较于现有文献，本书的创新点主要包含以下三个方面：

第一，本书基于环境库兹涅茨曲线假说论证了适度环保投入率的存在性，并将环保投入拆解为政府投入与市场投入两个方面，在一个统一的研究框架中讨论政府与市场协调的适度环保投入率。本书研究认为，同时考虑政府与市场行为对绿色经济增长的影响更符合当前中国绿色发展的现状，结果也更具有政策指导性。

第二，本书采用空间计量的方法对环境库兹涅茨曲线进行检验，并对适度环保投入率进行测算，不仅考虑了空间溢出性的影响，还考虑了时间上的惯性影响，从时空两个维度增加了实证结论的可靠性，这也为后续构建政策措施提供了良好的理论基础。

第三，本书以国家中心城市战略为实验样本，通过准自然实验的方式从多个角度论证了这种外生政策对环保投入率的影响，以及如何以环保投入为中介影响中国的绿色经济发展，使结果更加全面可信。

第四，本书构建了一种采用投贷联动方式的环保投入率适度化策略，并通过演化博弈模型论证了策略的运行效果。目前，投贷联动在国内的研究尚处于起步阶段，更鲜有用演化博弈模型设计策略的文献。故本书利用投贷联动方式讨论政府与市场在环保投入中的合作，考虑的因素更全面，提出的政策建议也更具操作性。

第2章

相关理论与文献综述

本章将对与本书研究相关的理论与研究文献进行综述，其中2.1节将综述与本书研究相关的基本理论，包括绿色经济、外部性、挤入效应与挤出效应等；2.2节～2.5节将分别综述环境库兹涅茨曲线的相关研究、政府与市场环保投入发挥的作用与效果、政策效果检验的理论及应用、构建环保投入适度化策略的理论及应用等。

2.1 基本理论综述

2.1.1 绿色经济理论

本书所讨论的"适度环保投入率"，是指实现经济建设与环境保护协同发展，即最高绿色经济增长率的经济状态，而绿色经济的概念最早由皮尔斯等（Pearce et al，1989）提出。他们认为，绿色经济是指构建一个实际收入持续增加、教育水平持续提高、国民健康持续改善、总体生活质量持续提高的经济社会体系。为达到这一目标，需要重视环境的价值，并将经济与环境统一考虑、相辅相成，不因盲目追求经济目标致使自然资源耗竭，也不能为短期的经济增长而提前透支后代子孙的福利。2008 年 10 月 22 日，联合国环境规划署（UNEP）发起了旨在推动世界各国向绿色经济模式转变的倡议，认为传统的经济模式在减少贫困人口和保护生态环境方面存在缺陷，因此建议未来的投资应流向更具发展前景的绿色经济领域，包括清洁能源与清洁生产技术、有机农业、生态系统基础设施、碳排放权交易等。2011 年，联合国环境规划署发布了《迈向绿色经济：通往可持续发展和消除贫困的各种途径——面向决策者的综合报告》，将绿色经济定义为“可促成提高人类福祉和社会公平，同时显著降低环境风险与生态稀缺的经济”。综合现有文献，绿色经济的内涵大致可归纳总结为以下三个方面：

一是可持续发展（sustainable development）。绿色经济自提出伊始就与可持续发展联系在一起，后者可以认为是绿色经济思想的起源。刘思华（2001）将绿色经济界定为“可持续经济的实现形态和形象概括，本质是以生态经济协调发展为核心的可持续发展经济”，并强调“只有发展绿色经济，才能长期保持自然生态的生存权和发展权统一，使生态资本存量在长期发展过程中不至于下降或大量损失，保证下一代人至少能获得与前一代人同样的生态资本与经济福利”。胡鞍钢和周绍杰（2014）认为，绿色经济可以看作在可持续发展思想指导下，经济发展的新阶段与新模式，强调经济系统、社会系统和自然系统间的系统性、整体性和协调性。

二是低碳经济（low-carbon economy）与循环经济（circular economy）。低碳经济一词最早见于 2003 年英国能源白皮书《我们能源的未来：创建低碳经济》，是指在可持续发展理念指导下，通过技术创新、制度创新、产业转型、新能源开发等多种手段，尽可能地减少煤炭、石油等高碳能源消耗，减少温室气体排放，达到经济发展与环境保护双赢的发展目标。随着 2005 年《京都议定书》的生效，节能减排成为全球发展的共识。循环经济则是指一种以资源的高效利用和循环利用为核心，以“减量化、再利用、资源化”为原则，以低消耗、低排放、高效率为基本特征，符合可持续发展理念的经济增长模式，是对“大量生产、大量消费、大量废弃”的传统增长模式的根本变革。杨志和张洪国（2009）认为绿色经济是高碳工业化时代最适合人类生存的生态经济，而循环经济是构建这种绿色生态经济的方法与路径。诸大建（2012）认为：低碳经济可以看作能源流意义上的绿色经济，核心是通过清洁能源的使用吸收经济活动产生的碳排放；循环经济是物质流意义上的绿色经济，核心是通过减少自然资源的输入、加强物品的重复利用，在经济的输出端将废弃物重新转化为资源。

三是科技创新与资源利用效率提高。绿色经济意味着对传统生产方式、产业结构、能源结构的变革。李向前和曾莺（2001）指出，绿色经济的重点是充分利用现代科学技术实施生物资源开发创新工程，通过知识经济与生态经济的结合，开发具有比较优势的绿色资源。魏茨泽克等（Weizsacker et al，2009）认为，通过绿色经济的发展与转型，人类社会能够在2050年实现“五倍级（factor five）”的目标：即经济发展与资源消耗脱钩，资源消耗强度降低80%。为实现这一目标，需要对包括交通、建筑、农业、钢铁、水泥在内的多个高耗能行业进行技术革新，并在政策法规、市场制度等方面给予激励和保障。

综上所述，绿色经济吸纳了生态经济、低碳经济、循环经济等多个内涵，而其核心是经济建设与环境保护的协调发展，这也是本书研究的“适度环保投入率”的理论内涵。

2.1.2 外部性理论

外部性又称外部效应、外部经济，是指一个人或一群人的行为决策导致另一个人或另一群人受益或受损的现象。这一概念在公共物品供给方面得到广泛应用。对环境保护这种具有正外部性的公共物品而言，由于私人供给成本低于公共收益但高于私人收益，因此市场供给会不足，需要政府参与供给；而对污染这种具有负外部性的公共物品而言，由于私人供给成本高于公共收益但低于私人收益，因此市场供给会过剩，需要政府加以限制，这也是为什么长期以来政府一直是环境治理主要推手的原因。但正如前文所述，绿色金融的发展使社会资本的环境治理能力不断提高，这不仅有助于减轻政府的财政负担，也有助于优化环保产业的投融资结构，推动绿色经济更高效地增长。因此在考虑适度环保投入时，应当考虑政府环保投入与市场环保投入之间的相互协调作用。

随着研究的不断深入，外部性理论的内涵与外延也不断拓展，其中溢出效应（spillover effect）便是由外部性衍生而来的理论。所谓溢出效应，是指某个经济组织的某种活动不仅产生了预期效果，而且产生了预期之外的效果，对其他经济组织产生了影响，包括知识溢出、技术溢出、经济溢出等。国内对环境污染和治理中存在的溢出效应已有较为广泛的研究。类骁和韩伯棠（2019）研究发现，贸易对区域绿色技术创新效率存在溢出效应，而政府的环保投入率对创新效率存在 U 型门槛影响；欧阳艳艳等（2020）的研究表明，企业对外直接投资将显著改善本地城市的空气质量，并减少对周边城市的污染溢出；石华平和易敏利（2020）构建了高质量发展综合评价指标，并实证检验了环境规制对高质量发展的影响和空间溢出效应等。本书的研究也将涉及环境污染和环境治理方面的空间溢出效应：在中国适度环保投入率的存在性判别中，空间溢出效应主要反映在污染物在时间和空间两方面的积累，及其导致的经济建设与环境保护的两难冲突；在中国适度环保投入率的测算中，空间溢出效应则反映在一个省份的环保投入对其周边省份的绿色经济增长率的影响，这就为绿色经济的区域协同发展提供了实证依据，也使适度环保投入率的结果更加合理。

2.1.3　挤出效应与挤入效应

挤出效应来源于凯恩斯的流动性偏好理论，是指由于政府的财政扩张政策增加了社会总投资量，将导致市场利率提高，迫使私人投资成本上升、投资总量下降，因此政府投资与市场投资存在一种此消彼长的相互影响。挤入效应则相反，是指政府投资会带动市场投资的增加，因为政府投资通常具有信号效应，反映政府中长期的产业发展规划，社会资本会认为投资于这些产业容易获得政府的相关政策扶持，风险较低、收益较高，因此会追随政府进行投资。

具体在环保领域，政府的环保投入会从多个方面影响企业的环保投资决策，例如改良生产技术提高生产效率（Gray & Shadbegian，1998）、添置相关设备减少污染排放（Farzin & Kort，2010）等。从国内现有文献来看，有部分学者认为政府的环保投入会吸引市场的环保投入，具有挤入效应：田淑英等（2016）认为政府的环保投入对社会资本具有引导效应，因为与之相关的税收、补贴、折旧政策将对社会资本的投资方向产生影响；李强和施滢波（2020）的研究发现政府采取激励型的环境规制政策（例如启动碳排放权交易、环境税开征等）对企业的环保投资产生了显著的正向影响；王炳成等（2020）发现政府的环保投入一方面解决了企业自身的资金紧张问题，另一方面也通过信号效应引导社会资本投资于环保产业发展。但也有部分学者持反对意见，认为政府的环保投入会抑制市场的环保投入，具有挤出效应：李楠和于金（2016）发现政府补助会促进企业在清洁生产、节能环保方面的技术创新，但补贴力度越大、促进效果越弱，原因在于企业对政府补贴产生了依赖心理，从而减少了自身在环保技术创新上的投入；李爽（2016）认为政府对新能源企业的研发补助造成了对企业内部研发投入的挤出，导致政府补助未能发挥预期效果；范莉莉和褚媛媛（2020）指出政府在严格环境监管的同时进行环保补助会抑制企业的环保支出，因此这种补助并非越多越好，应提高其有效性与科学性。

由此可见，政府与市场的环保投入究竟是挤入还是挤出效应，目前尚无一致的结论。但可以肯定的是，政府与市场的环保投入相互影响、互为补充，因此在研究适度环保投入问题时需要将二者纳入同一个理论框架中进行讨论。

2.2 适度环保投入率存在性的相关文献综述

研究适度环保投入率的起点是判断适度环保投入率的存在性。如前文所述，如果经济发展已经能够带来环境质量的提高，就意味着在现有资源禀赋、技术积累下的环境治理能力足以应对经济建设产生的环境污染，因此便不存在适度环保投入率的问题。相反，如果经济发展仍会导致环境质量恶化，就意味着在现有资源禀赋、技术积累的约束下，环境治理能力不足以应对经济建设产生的环境污染，降低环保力度会导致污染加剧，而提高环保力度会阻碍经济增长，此时便存在一种适度的环保投入率。换言之，适度环保投入是指当经济建设与环境保护存在冲突时，将有限的资源在二者之间合理且有效地分配。因此，本书第4章将对中国适度环保投入率的存在性进行判别，采用的工具是20世纪90年代兴起的环境库兹涅茨曲线假说，本节将对与之相关的研究进行综述。

2.2.1 环境库兹涅茨曲线假说

环境库兹涅茨曲线（EKC）的研究始于格罗斯曼和克鲁格（Grossman & Krueger，1991）他们发现二氧化硫和烟尘的排放量与人均GDP存在倒U型关系。此后，沙菲克和班德约帕德赫亚（Shafik & Bandyopadhyay，1992）验证了多种环境指标与人均GDP之间的关系。帕纳约托（Panayotou，1993）借用库兹涅茨（Kuznets，1955）的思想首次提出了EKC的概念，即经济增长与环境污染之间可能存在一种非线性的倒U型关系：当经济发展水平较低时，随着人均收入的增加，污染也将随之提高，环境质量趋于恶化；然而当经济发展到某个“拐点”时，人均收入进一步提高，污染将随之降低，环境质量趋于改善。

对 EKC 成因的解释主要有两种路径。第一种采用计量经济学的方式进行解释，第二种采用理论经济学的方式进行解释。

（1）环境库兹涅茨曲线假说的计量经济学解释。从事这类研究的学者认为，经济增长与环境污染之间的确存在倒 U 型的变化特征，然而人均收入是否是这种变化的内驱力有待商榷。两者的联系可能存在更深层的内在机制，但 EKC 并没有很好地反映出来，因此寻找能够反映内在机制的解释变量便成为这类研究的核心。代表性的研究包括三类：一是认为经济结构由能源密集型的制造业向技术密集型的服务业转移导致了 EKC 的形成，早期的制造业必然伴随着大量的污染排放，而当服务业比重上升后，污染自然而然将随之下降（Grossman & Krueger，1991；Panayotou，1993）；二是认为国际贸易导致了 EKC 的形成，因为越开放的国家越倾向于引进清洁技术以满足出口品更高的环境标准（Shafik & Bandyopadhyay，1992），并且随着经济发展水平的提高，会逐渐自行停止生产高污染的工业制成品，转而选择进口以改善环境质量（Grossman & Krueger，1995；Suri & Chapman，1998）；三是认为技术进步导致了 EKC 的形成，无论是工业革命带来的碳排放下降（Linmark，2002），还是清洁生产技术的推广都印证了这一观点（Dasgupta et al，2001；Stern，2004）。除此之外，人们对优质生活环境的需求（McConnell，1997；Rothman，1998；Gawande et al，2000）、完善的产权制度和法律法规产生的激励作用（Panayotou，1997）等都有可能导致 EKC 的形成。

（2）环境库兹涅茨曲线假说的理论经济学解释。随着计量经济学对 EKC 各种解释变量和环境指标的研究日益深入，第 2 种路径——理论经济学的研究也在同步推进中。这类研究聚焦于如何通过理论模型阐述影响环境质量变化形成倒 U 型的原因，以及驱动这种变化的因素，主要形成了三类代表性的研究。一是将环境作为一种要素加入生产函数与效用函数，通过研究经济增长最优路径的方式找到污染排放与产出之间形成倒 U 型关系的条件（Lopez，1994；Selden & Song，1995；Copeland & Taylor，2003；Pfaff et al，2004）。二是以个人决策为核心，认为当污染积累到一定程度后，排污企业愿意支付给个人的补偿将无法满足个人的效用损失，这会导致高收入群体迁移到环境优良的地区，而低收入群体则仍只能居住在环境恶劣的地区，因此 EKC 所预言的环境质量随经济增长而改善的内在机制并不成立，倒 U 型曲线的形态只是不同收入的群体在环境质量不同的地理空间重新分配（Gawande et al，2001）。三是认为 EKC 出现的原因是污染治理技术的提高，在一定的禀赋约束下，每个消费者都需要权衡在消费和污染治理上的禀赋分配。当禀赋较低时，污染治理水平也较低，污染会随着消费量的增加而增加；而当禀赋提高到一定水平后，由于污染治理水平的提高，每单位消费形成的污染治理水平超过了产生的污染量，就形成了 EKC 向下倾斜的部分（Jones & Manuelli，1995；Stokey，1998；Andreoni & Levinson，2001）。

2.2.2　环境库兹涅茨曲线假说的实证检验

相比对 EKC 的理论解释，实证检验 EKC 的文献则更加丰富，主要检验出三种类型的 EKC 形态。第一种是倒 U 型，这类实证结果最为常见，也是对 EKC 存在性的证明（Bruyn & Bergh，1998；Hettige & Mani，2000；Lantz & Martinez-Espineira，2008；李鹏涛，2017；崔鑫生等，2019）；第二种是线性，意味着随着经济发展和收入提高，环境压力可能会提高，也可能会下降（Stern & Auld，2001；Kwon，2005；刘华军、裴延峰，2017）；第三种是 N 型，意味着环境压力在经过拐点下降后有重新上升的趋势（Bruyn & Opschoor，1997；Friedl & Getzner，2003；丁继红和年艳，2010；何枫，2016）。除此之外，现有文献还检验出一些其他的形态，例如正 U 型、倒 N 型等。尽管结论非常丰富，但也存在不少问题：一是样本和代理变量的选取尚无统一标准，同一污染指标在不同国家、不同时间区间下的验证结果可能大相径庭，不同污染指标在同一国家、同一时间区间下的验证结果也可能不尽相同。二是被解释变量能否表征污染程度或环境压力存在疑问，早期的研究主要以单一污染物作为被解释变量，例如二氧化碳、二氧化硫等；近年来随着研究的深入，一些复合指标开始被使用，例如产出指数（TI）、人文发展指数（HDI）等。由于指标的选择不同，一些实证研究可能会得出自相矛盾的结果，这也给政策制定带来难度。

2.2.3 文献评述

综上所述，尽管学术界对 EKC 假说的研究尚未形成统一结论，但该假说揭示了在一定条件下，经济建设与环境保护之间的此消彼长关系可能会随着经济发展水平的提高而下降。然而，如果一国的经济发展水平尚不足以实现经济发展水平与环境质量的共同提高，那么就有必要在两者之间做出取舍，这也意味着存在一种适度的环保投入率实现经济建设与环境保护的有效平衡。因此，本书第 4 章将就这一问题展开研究，讨论在中国当前的经济发展水平下是否存在适度环保投入率，从而为后文进一步测度适度环保投入率奠定基础。

2.3 适度环保投入率测算的相关文献综述

本书第 5 章将在第 4 章研究的基础上对中国适度环保投入率进行测算，测算的适度环保投入率是使绿色经济的增长率最高的环保投入率，并且将对政府的适度环保投入率与市场的适度环保投入率进行分别测算，以反映政府与市场的环保投入之间的相互影响。为此，本节将从以下两方面对现有文献进行综述：一是梳理衡量绿色经济发展水平的方法，以便为第 5 章计算绿色经济增长率提供依据；二是梳理有关政府和市场在环保投入效果方面的文献，以便在现有研究的基础上构建理论与实证模型，并对适度环保投入率进行测算。

2.3.1　绿色经济发展水平的度量

从国内外现有文献来看，衡量一个国家或地区的绿色经济发展水平主要有以下三类方法：

一是指标法。这类方法是通过一系列反映国民收入、经济结构、生态环境、资源利用效率等因素的指标构建一种综合指标体系，以指标绝对值的高低来衡量绿色经济发展水平的高低。国际上有代表性的指标体系有两种，一是经合组织（OECD，2011）构建的绿色增长监测指标，二是联合国环境规划署（UNEP，2011）构建的绿色经济发展指标。国内文献在指标构建方面的研究比较丰富。从全国宏观层面来看，北京师范大学科学发展观与经济可持续研究基地、西南财经大学绿色经济与经济可持续发展研究基地、国家统计局中国经济景气监测中心三家单位于2010年共同编制了“中国绿色发展指数”；中国人民大学国家发展与战略研究院、中国人民大学首都发展与战略研究院于2018年共同发布了《中国经济绿色发展报告》。除此之外，许多学者也从产业（朱春红和马涛，2011；李琳和楚紫穗，2015；田泽等，2018）、区域（蔡绍洪等，2017；霍强和李贵云，2018；高红贵和赵路，2019）、省际（张欢等，2016；刘冰和张磊，2017）以及城市（黄羿等，2012；石敏俊和刘艳艳，2013）等不同层面尝试构建绿色发展指标，衡量不同地区的绿色经济发展水平。这类研究的优点在于操作简单，数据通常较容易获得，并且结果较为直观。在指标的权重设定上，为了避免主观赋权导致结果产生偏差，大多数文献都会采用熵值法、层次分析法、变异系数法、主成分分析法等进行客观赋权，以提高指标结果的可靠性。当然，这类研究也存在明显的缺点。首先是指标的选取较为主观，且如果选取过多，可能会导致体系较为臃肿，各指标之间容易重复和交叉。其次是不同学者因为选取的指标不同，可能会得出矛盾的结论，例如蔡绍洪等（2017）发现内蒙古的绿色发展水平最高，广西的绿色发展水平很低，但在霍强和李贵云（2018）的研究中，广西的绿色发展水平最高，内蒙古的绿色发展水平最低，两份研究的时间区间基本一致。这种矛盾性也会降低研究结论的可靠性，增加了政策建议的难度。

二是绿色 GDP 核算法。这类方法从绿色经济的内涵出发，以国民经济核算的方式计算绿色 GDP，以此衡量绿色经济发展水平的高低。这其中又包含两种典型方式。第一种方式是基于联合国统计司（UNSD）在 1993 年构建的环境经济核算体系（System of Environmental-Economic Accounting，SEEA），从资源价值损失的角度进行核算（雷明，1998；何玉梅和吴莎莎，2017；沈晓艳等，2017），核算公式可以简单表示为“绿色 GDP = 传统 GDP - 自然资源耗竭损失 - 环境污染损失 + 资源环境改善的收益”。这种方法的优点在于其与绿色 GDP 的经济内涵一致；缺点则在于对资源与环境的价值评估比较复杂，价值单位不统一，而且由于涉及的自然资源范围很广，难免存在疏漏。第二种方式是基于能值分析法（Odum，1996）进行核算，即以太阳能为统一标准，将经济活动中产生与消耗的产品和环境资源通过能值转换率转换为统一的能值，再进行定量分析。这在一定程度上解决了资源和环境指标不统一产生的核算偏差，使绿色 GDP 的核算结果更准确（王秀明等，2011；郭丽英等，2015；李兆亮等，2016）。除此之外，还有一些对绿色 GDP 核算的尝试，例如采用物质流（戴铁军和张沛，2016）、水资源价值（孙付华等，2018）、耕地资源（孙付华等，2019）等方式进行核算。由于参照标准与核算方法的差异，这些研究得到的结论也并不一致。

三是绿色经济效率法。这类方法是通过数据包络分析（Data Envelopment Analysis，DEA）方法测算绿色经济效率，从效率高低的角度衡量绿色经济发展水平的高低。这种方法由查恩斯等（Charnes et al，1978）提出，在过去的四十多年里已经被广泛应用于经济学、社会学等多个学科领域。由于 DEA 方法对绿色 GDP 效率的评估是一个相对值，这样也可以避免对各种自然资源的价值进行统一换算。从现有国内外对中国绿色经济效率的研究结果来看，沿海地区的绿色经济效率高于内陆地区（Lu & Lo，2007；杨龙，2010；王冉和孙涛，2019），而资本深化、技术进步等导致了绿色经济效率的提高（杨文举，2011；王晓云等，2016）。

2.3.2　政府环保投入效果相关研究

目前国内关于政府环保投入效果的文献较为丰富，形成了三类代表性观点：

第一类观点认为政府环保投入的效果较好。石光等（2016）的研究表明，对电力行业的脱硫电价补贴有效降低了二氧化硫的排放。徐晓亮（2018）研究了清洁能源补贴对产业发展和环境污染的影响，结果显示补贴政策有利于促进能源价格改革、改善能源消费结构、降低主要污染物的排放强度，并建议采用“国家 + 强地方”的方案设计。郭捷和杨立成（2020）研究发现政府的环境规制政策和对企业环保技术的研发资助都有利于促进绿色技术创新，而后者的效果更好。

第二类观点认为政府环保投入的效果不明。余长林和杨惠珍（2016）认为地方财政支出对环境污染的影响总体不确定，并提出应将生态效益纳入政府的考核体系，优化财政结构。刘海英和丁莹（2019）认为政府通过现金、税收激励、利率优惠等措施对企业在环保设备购置、环保工艺改善方面的补贴能够降低环境污染水平，但由于偷税漏税等隐性经济的存在会削弱环境补贴的效果，导致不一定能实现经济发展与治污减排的双赢。刘相锋和王磊（2019）检验了政府补贴对辽宁省工业企业的环境治理激励作用，发现尽管政府补贴能够通过信号引导作用提升企业环境治理效率的稳定性，但并没有显著提高环境治理效率。

第三种观点认为政府环保投入的效果不佳。冯海波和方元子（2014）考察了地方财政对当地环境质量的影响，认为大部分省份因经济发展造成的环境恶化超过了公共服务对环境的改善，净效应为负。姜楠（2018）研究发现地方的环保支出总额和比例与当地经济发展水平正相关，但规模和增速仍落后于当前的环境治理期望，不能充分满足环境治理的需求。赵佳佳等（2020）测度了中国财政环保资金的利用效率，发现总体效率偏低，仅广东、上海、天津、海南实现了经济增长与环境保护的双赢，并提出应加大对中西部和东北省份的转移支付力度，推进区域间财政平衡。

2.3.3 市场环保投入效果相关研究

市场环保投入效果的相关研究主要来源于与对绿色金融的研究。由于目前绿色信贷在绿色金融中规模最大、研究最广泛，且本书在讨论市场的适度环保投入率时采用绿色信贷率这一指标，因此下文主要综述与绿色信贷相关的文献。

绿色信贷又被称为可持续融资或环境融资，前者是指商业银行通过其融资政策促进可持续发展（Jeucken，2001），后者是指为了传递环境质量和转化环境风险而设计的金融工具（Labatt & White，2002）。此外，汤普森和考顿（Thompson & Cowton ，2004）将绿色信贷定义为商业银行在审核贷款时将与其相关的环境信息纳入考核标准，即国际公认的“赤道原则”（equator principles，EPs）。尽管目前对绿色信贷的理解尚无定论，但总体而言，绿色信贷包括以下两方面内涵：一是金融机构应承担更多的社会责任，在向企业提供信贷时不仅应关注项目本身的盈利能力，还应关注项目对生态环境造成的负面影响，避免经济发展陷入“先污染、后治理”的恶性循环；二是金融机构应更关注环境保护产业的发展，尽管这一产业的盈利能力较低，但它是经济社会可持续发展的重要支柱。目前国内在绿色信贷方面的研究，主要集中于三个方面：

一是研究绿色信贷发挥的积极作用。绿色信贷不仅可以通过资本形成、信号传递、反馈与信用催生三种机制促使产业结构升级（徐胜等，2018），而且可以激励企业增加研发投入，促进环保技术创新（何凌云等，2019），实现绿色低碳生产（刘海英等，2020）还能通过对重污染企业的融资约束迫使企业被动缩减生产规模，抑制企业排污（马妍妍和俞毛毛，2020）。

二是研究绿色信贷投入不足的原因。绿色信贷能够降低银行面对的信用风险和不良率，改善信贷结构（葛林等，2016），但由于其在短期内会提高营业成本（马萍和姜海峰，2009）、降低银行绩效（王建琼和董可，2019；张长江和张玥，2019），因此目前银行对开展绿色信贷业务的动力不足。但开展绿色信贷业务能够提高银行的声誉，这种声誉积累从长期看对银行发展是有好处的，因此政府应建立有效的监管措施推动绿色信贷政策落实，为绿色信贷业务的顺利开展提供支持（张长江和张玥，2019）。

三是研究促进绿色信贷的政策措施。第一，建立“绿色人才”的培训机制，培养专业从事绿色信贷业务的人才，提高绿色信贷的业绩（龙卫洋和季留才，2013）；第二，建立一种全面的绿色信贷监管机制，包括绿色信贷评级方法、资本绿色覆盖制度、提取资产准备机制以及第三方合作机制等，从而引导商业银行开展绿色信贷业务（陈立铭等，2016）；第三，增加绿色信贷的财税激励制度和法律激励制度（曾煜和陈旦，2016）；第四，由于绿色信贷抑制了重污染企业的融资，但也可能抑制企业的创新投入，因此政府在推动绿色信贷的同时应加强对企业在环保、绿色转型方面的资金支持（丁杰，2019）。

2.3.4　文献评述

回顾上述研究，目前国内在衡量绿色经济发展水平方面已经有了非常丰富的成果。但涉及绿色经济增长率计算的，第一类与第三类方法均有其局限性，因为综合指标与效率值的高低能够反映不同时期、不同地区之间绿色经济发展水平的差异，但增长率并不一定能够体现在指标和效率值的绝对变化中。因此本书后续的研究采用的是第二种方法，即通过核算绿色GDP来衡量绿色经济发展水平，进而测算绿色经济增长率。

从现有关于政府、市场环保投入效果的文献来看，目前对政府环保投入效果的结论并不一致，尽管大多数研究都认为政府在环境保护方面的财政支出、补贴政策、税收优惠等措施能够促进企业减少排污、更换更节能环保的生产设备、改善生产工艺，但因其他诸多外部因素的影响，政府环保投入的效果并不能完全充分地发挥。而在市场环保投入方面，绿色信贷业务虽然在国内已开展多年且已取得显著成效，但其规模的扩张仍存在诸多限制：从银行自身来看，绿色信贷短期内会造成成本上升、经营业绩下降；从整个行业来看，专业人才短缺、监管机制缺乏、法律法规不完善等都对绿色信贷业务的扩张产生负面影响。然而，现有文献在政府与市场的环保投入如何相互协调、相互影响等方面鲜有研究，或者仅仅停留在政策建议层面，认为政府应通过财政支出和行政规制影响市场行为，缺少理论和实证方面更深入的探讨。

基于现有文献存在的不足，本书第 5 章将从政府与市场协调的角度对适度环保投入率进行测算，判明政府力量与市场力量在推动绿色经济发展方面发挥的效果，以及二者能否在相互协调下实现绿色经济更高效的增长。通过测算得到理论的适度环保投入率，并将其与实际环保投入率进行对比，便能够判定当前政府和市场的实际环保投入是过剩还是不足，为第 6 章构建环保投入适度化策略奠定基础。

2.4 外部政策对环保投入率影响的相关文献综述

基于第 5 章研究得到的适度环保投入率理论值与现实情况的对比结果，本书第 6 章将以国家中心城市战略这一政策为切入点，研究外部政策对相关地区环保投入率以及绿色经济发展的作用与效果。为此，本节将从以下两方面对与第 6 章研究相关的现有文献进行综述，一是梳理与国家中心城市战略有关的研究进展，二是梳理关于政策措施效果检验的相关研究文献。

2.4.1 国家中心城市战略的相关研究进展

国家中心城市由中华人民共和国住房与城乡建设部在 2010 年编制

《全国城镇体系规划（2010—2020 年）》时提出，是中国最高层级的城镇体系规划设置。国家中心城市居于国家战略要津，肩负着引领区域高质量发展、参与国际竞争、向世界展现中国形象等重要使命，具有举足轻重的地位。国家中心城市建设既是全国新型城镇化建设的重要抓手，也是中国经济未来高质量发展的标杆与试验田，因此该项规划提出伊始，国内学者也对规划的政策效果展开了一系列研究，主要形成以下几类研究方向：

一是评估国家中心城市某个方面的综合能力，例如采用构建指标体系的方式评估城市核心竞争力（田美玲等，2014；郭志强和吕斌，2018）、城市智能化发展水平（杜鹏等，2013）、营商环境（刘帷韬，2020），以及政治、金融、科技、交通、文化等多维度能力（王雨飞和倪鹏飞，2020）；或者采用效率评估模型分析国家中心城市的制造业企业创新效率（康年等，2019）、绿色创新效率（陆菊春和沈春怡，2019）。这类研究的共性在于只对国家中心城市自身的发展情况进行评估，并未涉及国家中心城市与其他城市的发展差异，以及该政策可能产生的正外部性。

二是研究外生因素对国家中心城市的影响。张钟元等（2020）以国家中心城市为样本研究了金融集聚对城市绿色经济效率的影响，发现金融集聚对绿色经济效率存在门槛效应，低于门槛值时影响显著为正，高于门槛值后影响便不再显著；程丽辉等（2020）的研究表明，采用“优势—机遇”型策略建设城市综合交通枢纽将更有利于实现国家中心城市的功能目标与战略部署；殷培伟等（2022）的研究指出，民航业对国家中心城市产生了显著的正向集聚辐射效应，促使国际贸易和产业结构高级化。这类研究的共性在于以国家中心城市为研究样本，探讨如何更有效发挥国家中心城市的区域中心功能，但这种影响效果能否推广至其他城市则并不明确。

三是研究国家中心城市这一战略规划的实施对中心城市产生了怎样的影响。阳国亮等（2018）的研究指出，国家中心城市建设通过降低交易成本、人口流动和市场开放等作用显著促进了区域协同增长；李治国等（2021）的研究发现，国家中心城市建设能够有效促进城市绿色全要素生产率提升，且这种效应在东部更加明显。这类研究的共性聚焦于国家中心城市战略的政策效果评估，也是本书第6章的研究方向，但目前此类研究偏少，对国家中心城市战略能否促进区域经济绿色发展着眼不多，也鲜有对政策能否优化环保投入的研究，因此本书第6章将就这一问题展开研究。

2.4.2 政策影响效果评估理论及其在环保领域的应用

本书第6章将研究国家中心城市建设这一政策对环保投入率以及绿色经济的影响。目前国内外评估政策影响效果的方法主要有两种：第一种是双重差分法（difference-in-difference method，DID）。该方法兴起于20世纪80年代，被广泛应用于移民政策（Card，1990）、失业救济（Puhani，2000）、最低工资制度（Stewart，2004）、基础设施建设（Khandker et al，2009）等诸多领域。国内对双重差分法的应用始于周黎安和陈烨（2005）对安徽省农村税费试点改革的政策效应检验，此后相关研究文献层出不穷（刘瑞明和赵仁杰，2015；陈晓光，2016；吕越等，2019），现已成为国内研究政策效果的最重要工具。在环境保护、绿色发展领域，采用双重差分法的研究也非常丰富：冉启英等（2020）研究了高铁的开通如何影响沿线城市的绿色发展效率，结果表明，创新效应、结构效应与配置效应是高铁提升城市绿色发展效率的主要路径，且这种提升作用在东部和大中型城市更为显著，且在距离中心城市200km处达到最大；杜建国等（2020）探讨了智慧城市建设对城市绿色发展的影响机制，结果显示，智慧城市建设通过优化资源配置的方式促进了城市的绿色发展效率；邵帅和李嘉豪（2022）对“低碳城市”试点政策与绿色技术的关联性进行了研究，发现该政策对试点城市的绿色技术进步和技术溢出均存在显著的促进作用，且促进了跨区域的技术进步与技术溢出。

第二种是合成控制法（synthetic control method，SCM）。该方法由阿巴迪和加德亚萨瓦尔（Abadie & Gardeazabal，2003）、阿巴迪等（Abadie et al，2010）提出，近年来被广泛应用于研究国际政治（Abadie et al，2015）、环境政策（Sills et al，2015）、能源政策（Ando，2015）、劳动政策（Eren & Ozbeklik，2016）等领域。相较于双重差分法，合成控制法在结果呈现上更加直观，能够更清晰地反映政策对实验组不同个体的影响效果，并减少了双重差分法部分过于严格的前提假设，因此在政策效果检验方面也备受青睐。国内利用合成控制法在环境保护、绿色经济方面的研究也比较丰富：丁攀等（2022）以兴业银行和江苏银行作为实验组探讨了商业银行主动承担环境责任是否会降低银行风险，结果表明采纳赤道原则不仅有效降低了银行的不良贷款率，而且降低了其风险加权资产占比；汪克亮等（2022）的研究指出，生态文明先行示范区的设立能够显著降低试点地区的碳排放强度，并对邻近地区的碳排放强度下降具有显著的推动作用；孙一平等（2022）研究了新能源示范城市建设对绿色全要素生产率的影响效应，结果显示，新能源示范城市建设能够通过产业集聚、技术创新和产业结构升级三种渠道促进绿色全要素生产率的增长。李毅等（2022）的研究表明长江经济带发展战略大幅提升了当地 GDP，并显著改善了长江地区空气质量，但未能显著改善长江水质。

此外，在研究政策作用路径机制方面，中介效应检验（mediation effects test）是较为常见的方法，在环境保护、绿色经济等相关领域也有广泛应用：张广海和刑澜（2022）的研究表明，绿色金融通过碳生产率的中介效应对旅游业高质量发展产生了显著的正面影响；温丽琴等（2023）研究了双向 FDI 协调发展与环境污染的关系，结果显示双向 FDI 协调发展能够抑制环境污染，而绿色创新在其中发挥了中介效应作用；庞加兰等（2023）构建了省级绿色金融发展指数并研究其变化特征，发现绿色金融通过融资规模的中介效应对能源结构优化产生了正向影响。

2.4.3 文献评述

综上所述，国家中心城市战略发布至今，与之相关的研究已经较为丰富，但更多集中于前两类，探讨政策本身实施效果的研究偏少，且与绿色经济、环境保护相关的研究更少。因此，本书第6章将探讨国家中心城市战略的启动，是否对当地环保投入率乃至绿色经济产生影响，以及如果产生影响，其作用机制与路径是什么。第6章的研究也将为第7章构建环保投入率适度化策略提供一定的现实依据与基础。

2.5 环保投入率适度化策略的相关文献综述

基于第5和第6章的研究，本书第7章将构建环保投入率适度化策略，并对策略的有效性进行数据仿真。为此，本节将从以下两方面对与该章研究相关的现有文献进行综述：一是梳理关于中国推进环保产业发展的政策措施，了解该问题目前的研究进展；二是对第7章构建环保投入率适度化策略的演化博弈方法进行综述，重点是演化博弈在绿色经济、环境保护方面的研究应用。

2.5.1 中国推进环保产业发展的政策措施

2008年金融危机以后，发展绿色经济逐渐成为全世界大部分国家的共识。联合国环境规划署在2011年发起了全球绿色经济倡议，旨在推动各国将中长期战略规划与绿色发展相结合，为绿色经济发展奠定基础。为此，经合组织国家从低碳项目融资、就业政策、产业结构调整、财税政策等方面制定了一系列绿色增长计划。中国也逐步将绿色发展的理念融入中长期发展规划中，我国 2011 年公布的“十二五”规划中提出“持续推进产业结构优化调整，实现国民经济与社会发展的绿色转型”，在 2016 年公布的“十三五”规划中则明确了绿色发展的主基调。在这种背景下，国内学者对中国如何有效推动绿色经济发展展开了广泛的研究与讨论，形成以下几种代表性观点。

一是从总体战略上布局，在国家层面借鉴经合组织国家的改革经验，树立绿色价值观念，处理好政府与企业的关系，激励绿色生产、投资和消费（曹东等，2012），并制定应对气候变化的中长期低碳发展战略，加快建设碳交易市场，推进油气体制改革，构建清洁高效的能源体系（王文涛等，2018）；在产业发展层面通过科研投入、政策倾斜扶持环保高新技术创新，并通过就业导向增加劳动力投入，取代资本和实物投入（张莹和刘波，2011）。

二是建立和完善绿色税制，例如开征环境税和碳税（潘圣辉和吴信如，2012），因为绿色税收体系有助于节约能源消费、优化能源结构，降低城市化过程中的污染物排放（汪泽波，2016），也能够在一定程度上缓解政府环保投入方面的资金短缺问题（吕敏等，2018）。从现有对二氧化硫排放征收硫税的实践来看，不仅显著降低了二氧化硫排放，而且对 GDP 没有产生过大的负面影响（马士国，2008）。在绿色税制设计上，应当与可再生能源政策合理衔接（张晓娣和刘学悦，2015），并将相应收入用于减轻企业和个人的所得税以保证其对经济和福利产生积极影响（李虹和熊振兴，2017），同时加大对企业环境研发补贴，激励企业自主研发，提高能源利用效率（吴士炜和余文涛，2018）。当然，考虑到中国不同地区的经济发展水平不一致，应差别推进地区绿色税收政策强度，努力协调其与地区经济增长的差异，以绿色发展为导向构建政绩考核新机制，减弱地方政府执行绿色税收政策的扭曲（王军和李萍，2018）。

三是推进绿色城市转型，包括调整产业结构、优化城市布局、尝试低碳经济模式、推行绿色消费理念等（徐雪和罗勇，2012）。政府一方面应加大资金和政策支持，鼓励企业采用清洁生产技术，实现工业生产的绿色化改造（肖滢和卢丽文，2019）；另一方面，也可以采取 PPP 模式吸引社会资本进入绿色城市改造项目，充分发挥政府和市场各自在环保投入方面的比较优势（杨晓东和张家玉，2019）。

四是深化绿色金融，与传统由政府主导的绿色经济政策形成互补（王遥等，2016）。尽管发展绿色金融短期会对经济增长产生负面影响，但从长期来看，当绿色金融发展到一定程度后，消费和投资对经济增长的促进作用都能显著发挥出来（柴晶霞，2018）。由于绿色信贷是绿色金融的核心力量，因此应当进一步完善绿色信贷政策，对“两高一剩”行业采取信贷限制的措施，并积极促进对绿色产业的信贷支持，同时定期对绿色信贷的投放效果进行评估，从而促进绿色经济增长（谢婷婷和刘锦华，2019）。

2.5.2 演化博弈理论及其在环保领域的应用

本书第 7 章将对环保投入适度化策略的构建采用演化博弈理论（evolutionary game theory，EGT）。所谓的演化博弈，是指博弈各方对博弈结构没有充分认识，并不了解对手的策略选择，也不具备复杂的推理能力，但他们能够从决策结果中积累经验、调整决策以期获得更高的收益，并通过一段时间的反复试错，最终达到均衡的博弈过程（Nash，1951）。这一思想最早可以追溯到达尔文的自然选择理论的“物竞天择，适者生存”，而将其推广到更广泛的经济学、社会学研究则需归功于史密斯和普赖斯（Smith & Price，1973，1974）。他们的工作包括用生物适应度函数替代传统博弈论的支付函数，讨论演化中可能出现的突变现象，并用演化稳定策略（evolution stable strategy，ESS）取代传统博弈论中的纳什均衡策略。随后，选择机制和复制者动态模型（Taylor & Jonker，1978；Smith，1982）的建立使演化稳定策略能够找到对应解析解，这就为演化稳定博弈从纯粹的理论向实际应用迈进了一大步。

20 世纪 90 年代以后，大量采用演化博弈理论的经济学、社会学文献涌现出来。在绿色经济、环境保护相关领域方面，麦金蒂（McGinty，2010）指出，当前以《京都议定书》为代表的国际环境协议可能会导致发达国家向发展中国家购买碳排放权，形成帕累托无效的演化均衡；潘峰等（2015）考察了地方政府、排污企业以及中央政府的三方演化博弈，发现当前的地方政绩考核制度不利于落实中央的环境规制政策；赵黎明和陈妍庆（2018）探讨了环境规制下公众参与对企业环境行为的影响，发现公众参与能够显著降低工业三废排放量；潘峰和王琳（2020）研究了影响地方环境规制部门执法效果的因素，发现主要的负面影响来自地方政府干扰和环境执法成本；薛晨晖和危平（2020）采用演化博弈理论构建了促进商业银行增加绿色信贷的策略。

2.5.3　文献评述

综上所述，尽管与环保投入率适度化策略直接相关的文献较少，但本书研究环保投入率适度化的目的在于推进中国的绿色经济发展，因此与之相关的文献对本书的研究也具有重要的启发意义。可以看到，深化绿色金融、充分发挥绿色信贷对绿色产业的支持是推进中国绿色经济发展的重要举措之一，这与本书的观点是一致的。而在策略构建的方法上，演化博弈理论在环保领域已有广泛应用，但更侧重于政府的环境规制政策对市场参与主体的决策影响。本书第 7 章将侧重于探讨如何建立政府与市场的环保投入协调机制，通过这一机制推动二者的环保投入率更加适度，以促进绿色经济更高效地增长。

2.6　本章小结

本章从基本理论和各章节研究核心两条线索对与本书研究相关的文献进行了综述。通过对文献的回归可以看到，发展绿色经济、实现经济建设与环境保护的协同发展一直是学术界研究的热点问题，更是中国未来经济发展的必经之路。在环保投入这一具体问题上，学术界研究的视角也逐渐从政府单一的行政规制、财政投入，向绿色金融、绿色信贷、政企合作、市场协同等领域拓展。下一章将对中国环保投入的发展现状与面临问题进行梳理，为后续研究提供现实依据与数据支撑。

第 3 章

中国环保投入发展现状及问题

本章将对中国环保投入的发展现状与面临的问题进行总结回顾。通过梳理中国环保产业的发展历程、政府与市场环保投入的现状，了解当前中国环保产业的发展阶段与趋势、政府与市场的环保投入发挥的作用以及面临的问题。本章的内容将为后续章节的研究提供现实依据与数据支撑。

3.1 中国环保投入发展现状

3.1.1 中国环保产业发展历程简介

中国的环保产业发展至今已有 40 多年的历史，伴随着改革开放历经了从无到有、从小到大、从单一产业到综合性产业、从单一污染源防治到多种污染源防治、从防治环境污染到改善生态环境的转变。回顾环保产业的发展历程，主要可以分为三个阶段。

第一阶段为 20 世纪 70 年代初至 80 年代末，是中国环保产业的诞生与立法阶段。1973 年 8 月，第一次全国环境保护会议颁布了《关于保护和改善环境的若干规定（试行草案）》，至此拉开了环保产业发展的大幕。

1979 年 9 月，《中华人民共和国环境保护法（试行）》在第五届全国人大常委会上通过，《中华人民共和国水污染防治法》《中华人民共和国大气污染防治法》《中华人民共和国海洋环境保护法》等一系列法律法规也在这一时期相继出台，标志着我国环保工作法治化的开始和法律框架体系的初步形成。1984 年 11 月，中国环境保护工业协会正式成立，作为行业自律性组织为经济建设与环境保护的协同发展做出了贡献，成为环保法律体系的有效补充。1988 年，国务院环境保护委员会主任宋健首次提出了“环保产业”的概念，引起社会的广泛关注。经过这一阶段的发展，中国的环保产业实现了从无到有的蜕变，法律框架与行业自律准则也初步建立起来，在 1989 年第三次全国环境保护会议上提出的“谁污染、谁治理”原则也成为中国推动环境保护、防止污染的重要原则之一，得到社会各界的广泛认同。

第二阶段为 20 世纪 90 年代初至 21 世纪初，这一阶段是中国工业化、城镇化进程加快的时期，也是环保产业加速发展的阶段。在 1989 年第三次全国环境保护会议上，国务院办公厅颁布了《关于当前产业政策要点的决定》，将环保产业列入优先发展的重点领域。1990 年 11 月颁布的《关于积极发展环境保护产业的若干意见》首次对“环保产业”进行了明文界定，即“环境保护产业是以防止环境污染、改善生态环境、保护自然资源为目的所进行的技术开发、产品生产、商业流通、资源利用、信息服务、工程承包、自然保护开发等活动的总称”，并提出依靠科学进步、人才培养、对外开放等方式发展环保产业的指导性方针。这些纲领性文件的提出也推动环保产业的发展进入快车道。根据 2001 年国家环保总局的调查数据显示，相比 1997 年，2000 年环保相关产业的企业数量增长近 1 倍，从业人员增长超过 80%，总收入增长超过 2.5 倍，利润增长接近 2 倍；产业整体规模大幅度提高，地域分布也由东南沿海的经济发达地区向中西部内陆延伸。但这种爆发式的增长也带来了一些问题，例如行业集中度低、企业数量多但规模小、科技含量不高、市场秩序混乱等。

第三阶段为 21 世纪初至今。在经历了 20 世纪 90 年代的粗放式扩张后，2001 年 5 月，国家环保总局颁布了《关于加快发展环保产业的意见》，旨在引导环保产业更加健康稳定地发展。文件要求各地区政府和有关部门将环保产业纳入长期发展规划的重要组成部分，根据国内外市场的实际情况和技术水平充分发挥比较优势，切忌盲目地低水平重复建设。同年 11 月颁布的《环保产业发展“十五”规划》中进一步强调发展环保产业是中国实施可持续发展战略的必然要求。因此这一时期环保产业的增长引擎主要来自环保基础设施的建设，政府投资成为环保产业发展的中坚力量。2008 年金融危机爆发后，政府进一步加大了基础设施建设的投入和对环保产业的支持。2012 年党的十八大报告提出“加快建立生态文明制度，健全国土空间开发、资源节约、生态环境保护机制，推动形成人与自然和谐发展现代化新格局”。2015 年 1 月 1 日新修订的《中华人民共和国环境保护法》正式实施，明确提出以财政、税收、价格、政府采购、企业环保诚信记录等方面的政策和措施支持环保产业发展，并要求企业提高环保意识、减少污染排放、使用清洁能源、提高资源利用效率等，为环保产业的发展提供了法律依据。2016 年 12 月 26 日发布的《“十三五”节能环保产业发展规划》进一步要求创新节能环保服务模式、激发节能环保市场需求，并计划在 2020 年将环保产业建设成为中国的支柱产业之一。2021 年 12 月 3 日，工信部印发了《“十四五”工业绿色发展规划》，提出到 2025 年工业产业结构、生产方式绿色低碳转型取得显著成效，环保产业产值达到 11 万亿元。

3.1.2 中国环保投入总体发展现状

通过上文对环保产业发展历程的回顾可以看到，环保产业已成为中国未来经济高质量发展不可或缺的一环。全社会对环保产业的发展更加重视，投入力度不断加大，环境保护战略也从传统的污染防治向建立科技含量更高的绿色、低碳、循环产业体系转化。基于数据的可得性，表 3 - 1 给出了 2001 ~2017 年全国环境污染治理投资的总体变化情况，这一时期是中国环保产业结束早期的野蛮生长、进入稳健发展的阶段，也是本书主要的研究时间区间。尽管该数据是指“在工业污染源治理和城镇环境基础设施建设的资金投入中，用于形成固定资产的资金”，并不完全等同于对环保产业的全部投入，但仍可以在一定程度上反映环保投入的整体变化趋势。

表 3－1　　2001～2017 年环境污染治理投资总体情况

年份	环境污染治理投资		城镇环境基础设施建设投资		工业污染源治理投资		当年完成环保验收项目投资		环境污染治理投资占GDP比重（%）
	总额（亿元）	名义增长率（%）	总额（亿元）	名义增长率（%）	总额（亿元）	名义增长率（%）	总额（亿元）	名义增长率（%）	
2001	1166.7	—	655.8	—	174.5	—	336.4	—	1.01
2002	1367.2	17.19	878.4	33.94	188.4	7.97	389.7	15.84	1.13
2003	1627.7	19.02	1194.8	36.02	221.8	17.73	333.5	－14.42	1.19
2004	2057.5	26.41	1288.9	7.88	308.1	38.91	460.5	38.08	1.27
2005	2565.2	24.68	1466.9	13.81	458.2	48.72	640.1	39.00	1.37
2006	2779.5	8.35	1528.4	4.19	483.9	5.61	767.2	19.86	1.27
2007	3668.8	31.99	1749.0	14.43	552.4	14.16	1367.4	78.23	1.36
2008	4937.0	34.57	2247.7	28.51	542.6	－1.77	2146.7	56.99	1.55
2009	5258.4	6.51	3245.1	44.37	442.6	－18.43	1570.7	－26.83	1.51
2010	7612.2	44.76	5182.2	59.69	397.0	－10.30	2033.0	29.43	1.84
2011	7114.0	－6.54	4557.2	－12.06	444.4	11.94	2112.4	3.91	1.45
2012	8253.5	16.01	5062.7	11.09	500.5	12.62	2690.4	27.36	1.53
2013	9037.2	9.50	5223.0	3.16	849.7	69.77	2964.5	10.18	1.52
2014	9575.5	5.96	5463.9	4.61	997.7	17.41	3113.9	5.04	1.49
2015	8806.4	－8.03	4946.8	－9.46	773.7	－22.45	3085.8	－0.90	1.28
2016	9219.8	4.69	5412.0	9.40	819.0	5.85	2988.8	－3.14	1.24
2017	9539.0	3.46	6085.7	12.45	681.5	－16.79	2771.7	－7.26	1.15

资料来源：历年的《中国环境统计年鉴》《中国统计年鉴》。

首先，根据表 3－1 给出的数据，可以从时间层面上将 2001～2017 年的全国环保投入变化情况细分为三个时期。

第一时期为2001～2006年，这一时期是环保产业发展的“十五”时期，环境污染治理投资的名义增长率在20%左右，占GDP的比重由1.01%提升至1.37%，尽管2006年出现了下滑，但总体而言环保产业呈现出蓬勃发展的态势，环保投入的增长速度也超过了GDP的增长速度。

第二时期为2007～2012年，这一时期全国环境污染治理投资进一步加速增长，2008年的名义增长率达到了34.57%，但由于国际金融危机的影响，2009年环境污染治理投资的增长出现了明显下滑。尽管国家在同时期启动了扩张性的财政政策，通过增加基础设施建设拉动经济增长，使2010年的名义增长率达到了历史峰值的44.76%，占GDP比重1.84%同样为历史最高水平，但由于财政扩张带来一定程度的产能过剩问题，因此在2011年首次出现了名义负增长-6.54%，如果考虑物价因素，则下滑的幅度更大。2012年环境污染治理投资的名义增长率为16.01%，低于2002年水平，此后再未达到两位数增长。总体来看，2007～2012的全国环保投入在政策驱动下实现了比第一时期更高的增长，占GDP的比重也达到了历史最高水平。但由于国内外宏观经济处于衰退阶段，因此这一时期的政策刺激在一定程度上透支了未来的环保投入，导致2012年之后环保投入的增长减缓。

第三时期为2013～2017年。由于过去数年扩张性政策导致供给过剩，中国经济进入“去产能”“去库存”“供给侧结构性改革”的新阶段，经济增长速度持续放缓，因而环境污染治理投资的名义增速也进一步下滑，不仅始终保持在个位数增长，而且在2015年再次出现了负增长，并且幅度超过了2011年。由此可见，在经济增长放缓、资源约束进一步加剧的宏观环境下，未来环保投入保持高速增长已较为困难，这就要求对环保投入的效率进行优化提升，更凸显出适度环保投入的必要性。

其次，环境污染治理投资的结构大致可以分为“城镇环境基础设施建设”“工业污染源治理投资”以及“当年完成环保验收项目投资”三部分，其中“城镇环境基础设施建设”涉及燃气、集中供热、排水、园林绿化以及市容环境卫生等部分，政府参与度较高，市场化程度相对较低，而

"工业污染源治理投资"和"当年完成环保验收项目投资"的市场化程度相对较高，以企业投资为主。因此，通过将这三部分投资的名义增长率与环境污染治理投资总额的名义增长率相减得到的名义增长率偏离度可以在一定程度上反映政府环保投入与市场环保投入的增长差异，结果如表 3 - 2 和图 3 - 1 所示。

表 3 - 2　2002 ~ 2017 年三类环境污染治理投资与投资总额名义增长率偏离度

单位:%

年份	城镇环境基础设施建设投资	工业污染源治理投资	当年完成环保验收项目投资
2002	16.75	-9.22	-1.35
2003	17.00	-1.29	-33.44
2004	-18.53	12.50	11.67
2005	-10.87	24.04	14.32
2006	-4.16	-2.74	11.51
2007	-17.56	-17.83	46.24
2008	-6.06	-36.34	22.42
2009	37.86	-24.94	-33.34
2010	14.93	-55.06	-15.33
2011	-5.52	18.48	10.45
2012	-4.92	-3.39	11.35
2013	-6.34	60.27	0.68
2014	-1.35	11.45	-0.92
2015	-1.43	-14.42	7.13
2016	4.71	1.16	-7.83
2017	8.99	-20.25	-10.72
均值	1.47	-3.60	2.05
中位数	-2.80	-3.07	3.91
标准差	14.64	26.64	19.97

资料来源：历年的《中国环境统计年鉴》《中国统计年鉴》。

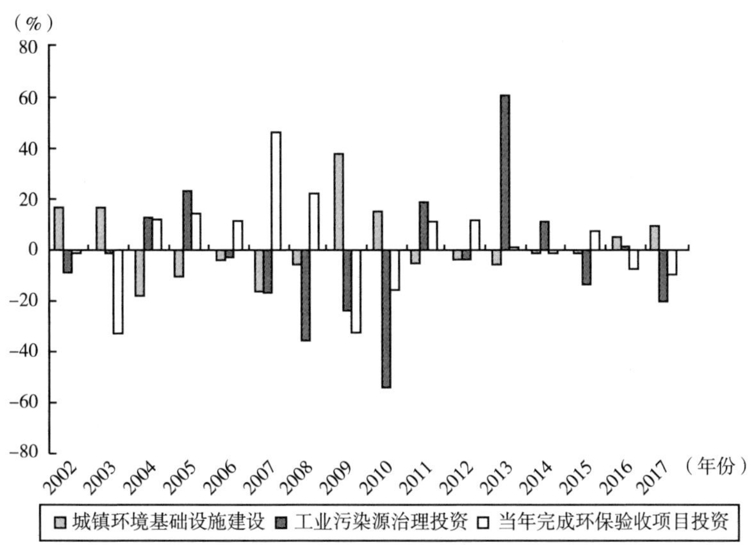

图3-1　2002~2017年三类环境污染治理投资与投资总额名义增长率偏离度

资料来源：笔者根据历年的《中国环境统计年鉴》《中国统计年鉴》计算得到。

由表3-2、图3-1可以看出：第一，城镇环境基础设施建设投资的名义增长率偏离度均值为1.47、标准差为14.64，在三种投资名义增长率中偏离度均最低，而且该类投资在总投资中占比始终保持在60%~70%，因此目前中国的环保投入仍具有比较明显的政策特征。第二，大多数情况下，城镇环境基础设施建设投资与工业污染源治理投资和（或）当年完成环保验收项目投资的名义增长率偏离度正负性相反，而工业污染源治理投资与当年完成环保验收项目投资的名义增长率偏离度正负性较一致，这表明政府与市场的环保投入之间可能存在一种此消彼长的挤出效应：当政府环保投入增加（或减少）时，市场的环保投入将减少（或增加）。第三，比较三种投资名义增长率偏离度的中位数与均值，城镇环境基础设施建设投资名义增长率偏离度的中位数低于均值，而工业污染源治理投资与当年完成环保验收项目投资的名义增长率偏离度的中位数高于均值，可见从长期趋势来看，政府环保投入的增长速度要低于总体环保投入的增长速度，而市场环保投入的增长速度要高于总体环保投入的增长速度。这是因为政府的财政刺激通常具有时效性，能够在相对较短的一段时期内大幅度增加环保投入，以拉动环保产业发展，但从长期来看，市场投入的力量对环保产业的发展具有更深远的影响。

3.1.3 政府环保投入发展现状

政府环保投入主要可以从两个角度来衡量：其一是表 3 - 1 所示的城镇环境基础设施建设投资，反映了环保类基础设施的固定资产增加情况；其二是政府各年公共预算支出中的“节能环保”类支出，这一数据更能直接且全面地反映政府当年在环保领域的投入情况，不仅包含基建方面的支出，也包含对企业的环境治理补贴等支出，因此本书在第 5 章讨论政府的适度环保投入率时也采用此数据。

首先，讨论政府环保投入的总体发展情况。基于数据的可得性，2002 ~ 2017 年中央与地方政府的节能环保支出情况分别如表 3 - 3、表 3 - 4 所示。

表 3 - 3　2002 ~ 2017 年中央政府节能环保支出总体情况

年份	节能环保支出（亿元）	一般公共预算（亿元）	环保支出占比（%）	环保支出名义增长率（%）
2002	—	1253. 14	—	—
2003	—	1522. 77	—	—
2004	—	1343. 80	—	—
2005	—	1365. 56	—	—
2006	—	1483. 52	—	—
2007	34. 59	11442. 06	0. 30	—
2008	66. 21	13344. 17	0. 50	91. 41
2009	37. 91	15255. 79	0. 25	- 42. 74
2010	69. 48	15989. 73	0. 43	83. 28
2011	74. 19	16514. 11	0. 44	6. 78

续表

年份	节能环保支出（亿元）	一般公共预算（亿元）	环保支出占比（%）	环保支出名义增长率（%）
2012	63. 65	18764. 63	0. 34	-14. 21
2013	100. 26	20471. 76	0. 49	57. 52
2014	344. 74	22570. 07	1. 53	243. 84
2015	400. 41	25542. 15	1. 57	16. 15
2016	295. 49	27403. 85	1. 08	-26. 20
2017	350. 56	29857. 15	1. 17	18. 64

资料来源：历年的《中国统计年鉴》。

表3-4　2002~2017年地方政府节能环保支出总体情况

年份	节能环保支出（亿元）	一般公共预算（亿元）	环保支出占比（%）	环保支出名义增长率（%）
2002	78. 44	1889. 84	4. 15	—
2003	88. 96	1906. 53	4. 67	13. 42
2004	93. 69	2093. 70	4. 47	5. 32
2005	132. 97	2675. 78	4. 97	41. 93
2006	161. 24	2906. 86	5. 55	21. 26
2007	961. 23	38339. 29	2. 51	622. 89
2008	1385. 15	49248. 49	2. 81	44. 10
2009	1896. 13	61044. 14	3. 11	36. 89
2010	2372. 50	73884. 43	3. 21	25. 12
2011	2566. 79	92733. 68	2. 77	8. 19
2012	2899. 81	107188. 34	2. 71	12. 94
2013	3334. 89	119740. 34	2. 79	15. 00
2014	3470. 90	129215. 49	2. 69	4. 35
2015	4402. 48	150335. 62	2. 93	26. 84
2016	4439. 33	160351. 36	2. 77	0. 84
2017	5266. 77	173228. 34	3. 04	18. 64

资料来源：历年的《中国统计年鉴》。

从政府节能环保支出占公共预算的比重变化来看，大致以 2006 年为界线分为两个阶段：2006 年以前中央公共预算没有在节能环保方面的明确支出，而这一时期地方公共预算中节能环保支出的占比较高，基本保持在 4.5% ~5.5% 的区间内，并在 2006 年达到最高值。2006 年以后中央政府增加了在环保领域的预算支出，占比逐渐上升，而地方公共预算在环保领域的支出有所下降，但总体保持在 3% 左右。由上文对环保产业发展的历程回顾不难得知，2007 年以来，面对金融危机的冲击，政府开始增大基础设施建设，不仅中央政府加大了在环保领域的直接投入，而且地方政府的环保投入也急速膨胀。2006 年中央与地方政府公共预算中的节能环保支出总和仅 161.24 亿元，2008 年便达到 1451.36 亿元，相比 2006 年名义增长达 8 倍；2017 年更达到 5617.33 亿元，相比 2006 年名义增长近 34 倍。可见发展绿色经济、实现经济建设与环境保护的协调发展越来越受到政府重视，与之相关的财政支出也越来越高。

从政府节能环保支出的名义增长率来看，中央政府环保投入的波动较大，部分年份出现了比较显著的负增长，而地方政府环保投入的增长比较稳定，除 2007 年因财政扩张导致投入激增之外，其余年份基本保持在 10% ~30% 范围内的增长。然而 2010 年以后，地方政府的环保投入整体下滑，增长率降低至 20% 以下，并且在 2011 年、2014 年、2016 年均出现了个位数增长。可见中央政府的环保投入更具有短期特征，而地方政府的环保投入则更具有长期特征；中央政府的环保投入主要用于统筹全局，并应对宏观经济的突发性变化，而地方政府的环保投入则更聚焦于当地具体的环境污染治理以及长期的绿色经济发展。但无论是中央还是地方，在宏观经济增长放缓的背景下，环保投入总量都趋于收紧，增长都趋于下滑。值得一提的是，2015 年地方政府的环保支出名义增长率为 26.84%，这与地方政府开始在公共服务领域推行 PPP 模式有一定的联系。2017 年财政部、住建部、农业部、环保部共同印发了《关于政府参与的污水、垃圾处理项目全面实施 PPP 模式的通知》，标志着 PPP 模式在环保产业的正式启动，而当年的地方政府环保支出名义增长率也达到了 18.64%。显然，

PPP模式能够缓解政府面临的财政压力，也能够促使政府更积极地投入环保产业的建设与发展。根据财政部政府和社会资本合作中心公布的数据，截至2020年6月，全国PPP综合信息平台项目管理库中共有项目9626个，总金额14.8万亿元，其中"生态建设和环境保护"类项目共929个，占比9.65%；投资需求总额1万亿元，占比6.77%，政府力量与市场力量的相互协调正逐渐凸显。

其次，讨论不同省份地区政府的环保投入情况。表3-5反映了2003~2017年全国29个省份（不含海南、西藏及港澳台地区）地方政府节能环保类支出总额描述性统计情况。可以看到，各省份地方政府的环保投入总额整体呈上升趋势，但地区之间的差异性也逐渐扩大，标准差由2003年的2.53提高到2017年的100.54。东南沿海经济发达省份的政府环保投入总额相对较大，其中广东、江苏是长期保持投入总额最大的省份；西部地区的政府环保投入总额相对较小，其中青海、宁夏是长期保持环保投入总额最小的省份。中位数相较于均值左偏，这表明大部分省份的环保投入总额相对较低，而少数省份较高的环保投入拉高了平均值，这也反映了省域之间环保投入的差异性较大。

表3-5　　2003~2017年地方政府节能环保支出总额描述性统计

年份	平均值（亿元）	中位数（亿元）	最大值		最小值		标准差
			数值（亿元）	省份	数值（亿元）	省份	
2003	3.05	2.19	10.82	江苏	0.14	青海	2.53
2004	3.21	2.46	11.64	江苏	0.13	青海	2.70
2005	4.56	3.27	16.51	江苏	0.20	青海	3.80
2006	5.54	3.81	18.24	江苏	0.29	青海	4.34
2007	32.80	30.73	71.16	四川	5.91	天津	15.81
2008	47.33	46.85	95.18	江苏	10.98	天津	21.14
2009	64.41	55.71	147.60	江苏	13.36	天津	29.91
2010	80.89	77.44	239.16	广东	27.10	天津	41.12
2011	87.13	85.26	232.62	广东	32.24	天津	41.70

续表

年份	平均值（亿元）	中位数（亿元）	最大值		最小值		标准差
			数值（亿元）	省份	数值（亿元）	省份	
2012	98.45	95.52	235.44	广东	35.37	宁夏	45.10
2013	113.60	108.59	307.78	广东	32.93	宁夏	59.10
2014	117.88	106.10	259.04	广东	34.60	宁夏	55.06
2015	148.76	134.08	322.33	广东	45.49	宁夏	73.81
2016	150.65	133.64	363.38	北京	36.69	宁夏	75.41
2017	178.77	154.95	458.44	北京	54.66	新疆	100.54

资料来源：历年的《中国统计年鉴》。

表3－6反映了2003～2017年全国29个省份（不含海南、西藏及港澳台地区）地方政府预算中节能环保类支出占比的描述性统计情况。

表3－6　2003～2017年地方政府环保投入占预算支出比重描述性统计

年份	平均值（%）	中位数（%）	最大值		最小值		标准差
			数值（%）	省份	数值（%）	省份	
2003	0.48	0.40	1.03	天津	0.12	青海	0.22
2004	0.42	0.38	1.05	天津	0.09	青海	0.20
2005	0.49	0.43	1.24	天津	0.12	青海	0.24
2006	0.50	0.43	1.29	天津	0.14	青海	0.24
2007	2.96	2.84	6.73	青海	0.85	广东	1.60
2008	3.17	2.93	5.48	内蒙古	0.97	上海	1.36
2009	3.33	3.20	5.95	青海	1.14	上海	1.15
2010	3.37	3.33	5.52	宁夏	1.43	上海	0.99
2011	2.91	2.74	4.99	宁夏	1.32	上海	0.98
2012	2.80	2.66	4.61	吉林	1.32	上海	0.80
2013	2.87	2.74	5.44	青海	1.25	上海	0.91
2014	2.79	2.48	4.82	吉林	1.57	上海	0.86
2015	3.06	2.61	5.77	青海	1.69	上海	1.02
2016	2.86	2.73	5.67	北京	1.57	新疆	0.90
2017	3.12	2.98	6.72	北京	1.18	新疆	1.06

资料来源：历年的《中国统计年鉴》。

比较表3-5、表3-6可以发现，节能环保支出占一般公共预算支出的比重与其支出总额的变化存在一定的差异。首先，支出占比呈上升趋势，由2003年的0.48%上升至2017年的3.12%，但各地区间差异性较小，2009年以后标准差保持在1左右；其次，支出占比最大与最小的省份与投入总额的情况恰好相反，经济较落后的西部、东北省份支出占比较高，而经济较发达的东南沿海省份支出占比较低，这与当地的环境质量较为一致：西部地区的沙漠化问题、东北地区重工业带来的环境污染相较于东南沿海的情况更严重，并且这些地区经济的市场化程度相对较低，因此政府对环保产业的主导作用更显著；最后，中位数相较均值左偏，表明环保支出占比低于均值的省份较多，但也存在少数环保支出占比高的省份。

综合上述分析，政府的环保投入具有以下两个主要特征：第一，环保投入总量仍处于增长趋势，但增长速度下滑；第二，不同地区政府的环保投入具有较大差异，部分环境污染相对较高、经济发展水平相对较低地区的政府环保投入占其总预算比重较大，但投入总额却相对较小，这就导致这些省份的地方政府在经济建设和环境保护之间面临更加困难的权衡。

3.1.4 市场环保投入发展现状

市场环保投入也可以从两个角度来衡量：其一是表3-1所示的工业污染源治理投资、当年完成环保验收项目投资。这些投资主要针对企业生产过程中产生的有害物质清理，以及生产技术的节能减排升级，因此市场化程度较高，可以在一定程度上反映市场环保投入。其二是从绿色金融的角度衡量市场的环保投入，即金融机构对企业提供的用于环境保护和污染治理的投融资，包括间接投资和直接投资两部分。间接投资的部分主要是绿色信贷，借鉴徐胜等（2018）、何凌云等（2019）、钱水土等（2019）的研究，本书采用《中国银行业社会责任报告》中的“节能环保项目及服务贷款余额”来衡量绿色信贷的规模，第5章计算市场环保投入率时也将采用这一数据。2004～2017年全国绿色信贷余额总体情况如表3－7所示。

表3－7　　2004～2017年全国绿色信贷总体情况

年份	绿色信贷余额（亿元）	人民币贷款余额（亿元）	绿色信贷名义增长率（%）	人民币贷款余额名义增长率（%）	绿色信贷占比（%）
2004	885.3	178198	—	—	0.50
2005	1323.1	194690	54.69	9.25	0.68
2006	2028.9	225347	53.34	15.75	0.90
2007	3411.0	261691	68.12	16.13	1.30
2008	3710.2	303395	8.77	15.94	1.22
2009	8560.5	399685	130.73	31.74	2.14
2010	10107.4	479196	18.07	19.89	2.11
2011	12658.4	547947	25.24	14.35	2.37
2012	35800.0	629910	182.83	14.96	5.68
2013	36853.5	718961	2.94	14.14	5.13
2014	44363.9	816770	20.37	13.60	5.43
2015	53201.6	939540	19.92	15.03	5.66
2016	58090.3	1066040	9.19	13.46	5.45
2017	65312.6	1201321	12.43	12.69	5.44

资料来源：历年的《中国银行业社会责任报告》《中国统计年鉴》。

由表3－7可以看到，中国绿色信贷的发展大致可以分为三个时期。第一时期为2004～2007年。绿色信贷余额的名义增速很快，年平均名义增长率接近60%，远高于人民币贷款余额同时期增速；但其总量很低，占人民币贷款余额的比重在2007年刚刚突破1%。为促进绿色信贷的发展、贯彻国家《节能减排综合性工作方案》精神，2007年银监会公布了《节能减排授信工作指导意见》，并与环保总局、中国人民银行共同发布《关于落实环保政策法规防范信贷风险的意见》，旨在遏制盲目向高污染、高排放的“两高”产业贷款，并增加对环保产业的信贷支持。此后绿色信贷的发展进入第二时期，为2008～2011年。这一时期绿色信贷的名义增速在2009年达到一次峰值130.73%，但由于国际金融危机导致市场投资下滑，以及政府扩张的财政政策在一定程度上挤出了市场投资，因此2010年、2011年的绿色信贷并没有延续2009年的高增长，然而其在银行信贷中的比重从2008年的1.22%逐渐上升到2.37%，市场对绿色信贷的认可度进一步提高。第三时期为2012～2017年。2012年银监会发布《绿色信贷指引》，对银行业金融机构有效开展绿色信贷、促进节能减排和环境保护提出了明确要求，这也推动了绿色信贷规模出现激增。当年的增长率达到了历史最高的182.8%，占银行信贷的比重也从2.37%提升到5.68%，其后五年占比也始终保持在5%以上。

市场对环保产业的直接投资主要体现在绿色证券方面，包括环保产业相关的股票和绿色债券。截至2019年底，A股市场共有155只与环保产业相关的概念股，涵盖地热能、垃圾分类、尾气治理、污水处理、新能源汽车等多个领域，IPO募集资金达到1018亿元。2019年底共有30家企业的市值在100亿元以上，其中8家超过了200亿元，国有企业4家，民营企业4家（见表3－8），且大部分企业上市年份在2010年之后，这也反映出市场对环保产业的认可与青睐。

表3－8　　2019年市值超过200亿元的环保产业上市公司

序号	股票代码	股票简称	上市年份	IPO规模（亿元）	2019年末市值（亿元）	市盈率	主营业务	性质
1	300750	宁德时代	2018	54.6	2095.8	45.4	锂电池	民企
2	600406	国电南瑞	2003	4.2	994.2	34.7	电网自动化	国企
3	300014	亿纬锂能	2009	3.7	537.5	34.8	锂电池	民企
4	300124	汇川技术	2010	19.4	506.0	58.7	新能源汽车	国企
5	002506	协鑫集成	2010	23.8	306.4	—	光伏发电	民企
6	601158	重庆水务	2010	34.9	266.4	13.9	污水处理	国企
7	300070	碧水源	2010	25.5	238.6	49.4	污水处理	国企
8	603568	伟明环保	2015	5.2	214.1	21.5	垃圾焚烧发电	民企

资料来源：Wind。

绿色债券的历史数据较少，2016 年开始才有比较完整的数据，包含金融债、公司债、企业债、债务融资工具和资产支持证券等类型。从中国金融信息网公布的数据来看，绿色债券的规模近年来呈上升趋势，各类型债券的融资规模也逐渐平均化。2016 年由银行与非银行金融机构发行的金融债占比超过 70%，2019 年已下降到 24%，而公司债、企业债等其他债务工具的比重逐渐提高，市场对环保企业的直接投资渠道也越来越成熟（见表 3－9）。

表 3－9　2016～2019 年全国绿色债券发行规模　单位：亿元

年份	金融债	公司债	企业债	债务融资工具	资产支持证券	合计
2016	1590	170	141	85	67	2053
2017	1220	235	312	104	146	2017
2018	1259	336	214	168	151	2128
2019	684	951	490	310	364	2799

资料来源："中国金融信息网绿色金融频道" http：//greenfinance. xinhua08. com/zt/database/index. shtml。

除了通过银行信贷和发行证券进行融资，中国自 2013 年起陆续启动深圳、上海、北京、广东、天津、湖北、重庆、福建和四川 9 个碳排放试点地区，标志着环境产权交易市场的开启，为市场对环保产业的投资提供了新的渠道。2017 年 12 月，国家发改委印发了《全国碳排放权交易市场建设方案（电力行业）》，明确以发电行业为突破口，启动全国碳排放交易体系。2021 年 7 月 16 日，全国碳市场正式启动上线交易，年度覆盖二氧化碳排放量约 45 亿吨，一跃成为全球覆盖碳排放量最大的碳市场。根据生态环境部 2022 年 12 月发布的《全国碳排放权交易市场第一个履约周期报告》，截至 2021 年 12 月 31 日，第一个履约周期共运行 114 个交易日，碳排放配额累计成交 1.79 亿吨，累计成交金额 76.61 亿元，累计使用国家核证自愿减排量（CCER）约 3273 万吨用于配额清缴抵消，总体配额履约率 99.5%。

综合上述分析，市场的环保投入具有以下几个特征：第一，市场环保投入总量已经超过政府环保投入总量，2017 年中央与地方的节能环保支出为 5617.33 亿元，而绿色信贷余额为 65312.6 亿元；第二，市场环保投入以绿色信贷为主导，环保企业 IPO 与绿色债券规模仍相对较低；第三，即使面临宏观经济下滑，市场环保投入仍有相对的稳定的增长，这一方面反映了投资于环保产业具有金融避险的作用，另一方面也意味着市场的环保投入仍具有很大的提升空间与潜力。由此可见，随着中国金融市场的不断发展与完善，市场化的环保投入发挥的作用也越来越显著，中国的绿色经济与环保产业的发展也逐步从政府主导模式向政府与市场相协调的模式转变。

3.2　中国环保投入面临的问题

通过上文的分析可以看到，中国的环保产业经过 40 多年的发展取得了丰硕的成果，而绿色经济的发展理念也已成为中国社会的共识。但目前中国的环保投入仍面临一些问题，通过对现有研究的总结梳理，可以归纳为三个主要方面。

3.2.1　环境污染形势依然严峻

不可否认的是，经济建设始终会伴随着一定程度的污染排放。由于目前中国的城镇化、工业化仍尚未完成，因此发展是第一要义，而环保投入的目的则是在保证经济发展顺利进行的前提下，尽可能减少污染排放。2003～2017 年我国主要的污染物包括废水、废气、工业固体废弃物、城市垃圾等，它们的总排放、人均排放以及单位 GDP 排放情况如表 3－10 所示。

表 3-10　　2003~2017 年全国主要污染物排放情况

年份	总排放（亿吨）				人均排放（吨/人）				单位 GDP 排放（吨/万元）			
	废水	废气	固废	生活垃圾	废水	废气	固废	生活垃圾	废水	废气	固废	生活垃圾
2003	456.55	0.41	10.03	1.47	35.92	0.03	0.79	0.12	34.99	0.03	0.77	0.11
2004	478.65	0.43	11.99	1.54	37.42	0.03	0.94	0.12	33.32	0.03	0.83	0.11
2005	520.53	0.46	13.43	1.55	40.83	0.04	1.05	0.12	32.53	0.03	0.84	0.10
2006	532.97	0.45	15.14	1.46	41.51	0.04	1.18	0.11	29.55	0.02	0.84	0.08
2007	552.30	0.41	17.55	1.51	42.78	0.03	1.36	0.12	26.80	0.02	0.85	0.07
2008	567.72	0.38	18.99	1.53	43.57	0.03	1.46	0.12	25.13	0.02	0.84	0.07
2009	585.00	0.32	13.81	1.56	44.56	0.03	1.05	0.12	23.67	0.01	0.56	0.06
2010	613.21	0.35	24.07	1.57	46.38	0.03	1.82	0.12	22.42	0.01	0.88	0.06
2011	655.16	0.59	32.21	1.63	49.31	0.04	2.42	0.12	21.87	0.02	1.08	0.05
2012	680.58	0.57	32.83	1.69	50.94	0.04	2.46	0.13	21.07	0.02	1.02	0.05
2013	691.33	0.55	32.69	1.71	51.47	0.04	2.43	0.13	19.86	0.02	0.94	0.05
2014	711.72	0.58	32.47	1.77	52.71	0.04	2.40	0.13	19.05	0.02	0.87	0.05
2015	730.82	0.52	32.63	1.89	53.80	0.04	2.40	0.14	18.30	0.01	0.82	0.05
2016	706.07	0.35	30.85	2.01	51.64	0.03	2.26	0.15	16.57	0.01	0.72	0.05
2017	694.54	0.29	33.08	2.13	50.49	0.02	2.40	0.15	15.25	0.01	0.73	0.05

资料来源：历年的《中国统计年鉴》。

从总排放量和人均排放量来看，尽管 2016 年、2017 年四种污染物的总排放量有所下滑，但 2003~2017 年总体而言呈上升趋势，其中废水总排放量相较 2003 年提升了近 0.5 倍，固废总排放量相较 2003 年提升了 2 倍多；人均排放量的提升幅度略低于总排放量，但人口增长的速度低于污染排放增长的速度，因此同样呈上升趋势。这表明随着中国经济的不断增长，工业化、城镇化的不断深入，污染排放也日渐增加，环境污染形势日趋严峻。

从单位 GDP 排放量来看，中国的节能生产技术、产业结构优化也取得了一定的成绩，单位 GDP 排放量整体呈下降趋势，说明我国以环境换增长的局面有所改观。尽管如此，污染排放与经济增长之间的互动关系仍不明确，尚不能断定目前中国经济是否已经达到了 EKC 的拐点。因此本书第 4 章将通过验证 EKC 假说在中国的适用性，以判别中国适度环保投入率的存在性：如果当前中国的经济发展水平尚未达到 EKC 假说所断言的拐点水平，那么就有必要在经济建设与环境保护之间进行权衡，寻找适度的环保投入以实现绿色经济更有效率的增长。

3.2.2 政府与市场的环保投入协调性仍较低

2015 年，地方政府开始大力推行 PPP 项目。PPP 项目作为政府与社会资本合作的典型模式，其数量与投资额变化可以一定程度上反映政府与市场的协调合作程度。财政部政府和社会资本合作中心于 2016 年开始公布入库的 PPP 项目情况，2016 年 3 月至 2020 年 6 月各季度 PPP 项目的数量与投资额变化情况如表 3－11 所示，其中环保类项目指该项目库中“生态建设与环境保护”项目。

表 3－11　　2016 年 3 月～2020 年 6 月全国 PPP 项目情况

时期	累计入库项目数量	累计投资需求（万亿元）	环保类项目累计入库数量	环保类项目累计投资需求（万亿元）	环保类项目数量占比（%）	环保类项目投资需求占比（%）
2016 年 3 月	7721	8.78	406	0.52	5.26	5.95
2016 年 6 月	9285	10.60	498	0.49	5.36	4.64
2016 年 9 月	10471	12.46	581	0.59	5.55	4.72
2016 年 12 月	11260	13.50	633	0.65	5.62	4.84
2017 年 3 月	12287	14.60	743	0.75	6.05	5.14
2017 年 6 月	13554	16.30	825	0.84	6.09	5.12
2017 年 9 月	6778	10.10	481	0.59	7.10	5.84

续表

时期	累计入库项目数量	累计投资需求（万亿元）	环保类项目累计入库数量	环保类项目累计投资需求（万亿元）	环保类项目数量占比（%）	环保类项目投资需求占比（%）
2017 年 12 月	7137	10.80	543	0.70	7.61	6.52
2018 年 3 月	7420	11.50	597	0.77	8.05	6.66
2018 年 6 月	7749	11.90	664	0.84	8.57	7.07
2018 年 9 月	8289	12.30	796	0.88	9.60	7.14
2018 年 12 月	8654	13.20	827	0.91	9.56	6.88
2019 年 3 月	8843	13.40	849	0.94	9.60	7.01
2019 年 6 月	9036	13.60	880	0.95	9.74	6.97
2019 年 9 月	9249	14.10	906	0.97	9.80	6.86
2020 年 1 月	9459	14.40	926	1.01	9.79	6.99
2020 年 3 月	9493	14.50	927	1.00	9.77	6.89
2020 年 6 月	9626	14.80	929	1.00	9.65	6.77

注：2017 年 9 月，项目库细分为“管理库”和“储备库”两类，管理库是指已经完成物有所值评价与财政承受能力论证审核后进入实质运行阶段的项目；储备库是指地方政府有意向采用 PPP 模式的备选项目。故 2017 年 9 月相比 6 月累计项目数减少。

资料来源：“财政部政府和社会资本合作中心”https：//www.cpppc.org，由作者整理得到。

由表 3－11 可以看到，从 2016 年开始，环保类 PPP 项目数量逐渐增加，占全部 PPP 项目数量的比重由 5.26% 提升到 9.65%；但项目累计投资需求增长却比较缓慢，占全部 PPP 项目投资需求的比重仅从 5.95% 提升到 6.77%，而且多个季度出现了占比下降，这表明环保类 PPP 项目的投资需求增长速度低于其他行业，其中最具代表性的就是市政工程与交通运输这两大行业。表 3－12 给出了 2016 年 3 月至 2020 年 6 月各季度环保、市政工程以及交通运输三个行业的 PPP 项目数量与投资需求变化情况。不难看出，地方政府在市政工程与交通运输方面采用 PPP 项目的意向远高于在环境保护方面：市政与交通项目数量超过全部项目的 50%，是环保类项目的 5 倍；市政与交通投资需求超过全部项目的 60%，是环保类项目的 10 倍。

表 3-12　　2016 年 3 月~2020 年 6 月全国环保、市政工程、交通运输行业 PPP 项目情况　　单位:%

时期	项目数量占比			投资需求占比		
	环保	市政工程	交通运输	环保	市政工程	交通运输
2016 年 3 月	5.26	35.02	11.51	5.95	28.25	27.11
2016 年 6 月	5.36	34.91	12.19	4.64	26.23	31.32
2016 年 9 月	5.55	35.34	12.11	4.72	27.45	29.78
2016 年 12 月	5.62	35.51	12.21	4.84	28.00	29.33
2017 年 3 月	6.05	35.26	12.30	5.14	27.60	29.86
2017 年 6 月	6.09	34.91	12.96	5.12	26.99	31.17
2017 年 9 月	7.10	37.78	13.74	5.84	31.68	30.00
2017 年 12 月	7.61	37.52	14.12	6.52	31.20	29.44
2018 年 3 月	8.05	37.65	14.91	6.66	30.43	29.48
2018 年 6 月	8.57	38.79	14.70	7.07	31.18	29.16
2018 年 9 月	9.60	38.34	14.42	7.14	30.33	28.37
2018 年 12 月	9.56	39.07	14.28	6.88	30.00	29.17
2019 年 3 月	9.60	39.29	14.35	7.01	29.85	29.93
2019 年 6 月	9.74	39.82	14.14	6.97	29.63	30.59
2019 年 9 月	9.80	39.92	14.11	6.86	29.36	30.99
2020 年 1 月	9.79	40.23	13.92	6.99	28.89	31.81
2020 年 3 月	9.77	40.35	13.87	6.89	28.76	31.93
2020 年 6 月	9.65	40.71	13.74	6.77	28.92	32.30

资料来源:"财政部政府和社会资本合作中心",https://www.cpppc.org,由作者整理得到。

此外,截至 2017 年 12 月,环保类 PPP 项目的累计投资需求为 0.7 万亿元,2020 年 12 月才达到 1 万亿元,而 2016 年、2017 两年政府节能环保类公共预算支出与市场绿色信贷余额合计约为 22 万亿[①],显然政府与市场在环保投入方面的协调合作仍相对较低。

如前文所述,政府与市场的环保投入可能存在挤入效应(田淑英等,2016;李强和施滢波,2020;王炳成等,2020),也可能存在挤出效应

① 根据表 3-4、表 3-5、表 3-7 数据加总得到。

（李楠和于金，2016；李爽，2016；范莉莉和褚媛媛，2020）。开展 PPP 项目是政府主动采取的挤入市场资金的政策措施，有利于发挥政府与市场各自的比较优势，提高环保投入效率。但如果这种模式开展的项目较少、政府吸引的市场资金量较低，则政府对市场的环保投入挤出效应可能将更为明显。特别对中西部环境质量较差、金融市场不发达的省份而言，如果无法有效吸引社会资本，政府将不得不支出更多的财政预算用于环境保护，而增加的财政支出会进一步挤出社会资本，形成恶性循环。根据表 3 – 6 的数据，2007 年以来，青海、吉林、宁夏的政府环保投入比重较高，而从财政部政府和社会资本合作中心公布的数据来看，截至 2020 年 6 月，青海、吉林、宁夏累计入库项目投资额分别为 641 亿元、2953 亿元、783 亿元，占全部入库项目投资额的 0.4%、2.0%、0.5%，可见这些地区政府与市场的环保投入协调程度仍较低。而其他经济相对发达、污染相对较低的地区是否也存在类似的问题，则需要进一步研究。因此，本书第 5 章将对中国适度环保投入率进行测算，探讨政府与市场实际的环保投入是否已经达到适度水平，是否最有利于实现经济建设与环境保护的协同发展。如果现实与理论估计值存在偏差，则需要建立相应的措施推动环保投入适度化。

3.2.3 环保产业的竞争力较低

中国环保产业发展至今已有 40 多年的历史，尽管已经取得了很大的成就，但仍存在许多问题。总结现有文献，主要可以归纳为以下三个方面：

一是产业发展目前仍处于初级生产再加工阶段，行业竞争力不强。由于中国环保产业起步较晚，因此产品的国际竞争力较低，例如家用净水设备渗透膜、脱硫脱硝、余热余压、节能电机等技术落后于欧美发达国家（段婕等，2018）。许多环保企业更热衷于生产污染控制设备，而对生态修复、环境治理、信息咨询等相关领域关注度不高（郭建卿和李孟刚，2016）。

二是产业集中度低，企业规模较小，区域发展不均衡。尽管近年来环保产业上市公司逐渐增多，市值也不断提高，但大多数环保企业仍属于小微企业。在3万余家环保企业中，92%的企业规模在50人以下，导致整个产业的集中度低、规模效应不明显（孙颖，2018）。不仅如此，产业分布也逐渐向环渤海、长三角、珠三角等经济发达地区集聚，西部地区的发展水平远落后于东部地区（冯慧娟等，2016），区域发展差异日益严峻。

三是融资渠道仍较为有限，资金来源短缺。相较于欧美发达国家，中国的绿色金融产品结构仍比较单一，银行的绿色信贷是主要的融资渠道。但由于环保产业的前期投入较大、缺少稳定的经济效益且中小企业居多，因此限制了银行的信贷意愿（郭朝先等，2015）。缺少资金来源也限制了环保企业的研发投入，全国仅11%的环保企业进行自我研发，资金投入占营业收入的3%左右，远低于欧美发达国家15%～20%的水平（孙颖，2018）。这也导致中国环保产业技术创新能力较弱，成果转化率低。

3.2.4 问题存在的原因分析

导致上述问题的原因很多，从环保投入的角度来看，由于环保产业具有非常明显的正外部性，因此政府投入是环保产业发展中不可或缺的一环。但高科技的环保产业具有周期长、收益低、风险高的特征，因此政府投资更倾向于周期短、成效明显的基础设施建设类项目，而银行出于风险和成本控制的考虑也更倾向于对传统行业进行投资。如果政府与市场在环保投入方面的协调合作不足，就可能导致当前环保产业发展陷入瓶颈。针对上述问题现有文献也提出了一些应对策略。李树（2015）认为，政府应培育多元化的产权主体、构建有效的市场结构、营造良好的市场环境和完善的市场准入制度，为市场主导型的环保企业发展提供基础保障；赵黎明和陈妍庆（2018）指出，公众积极参与对企业行为的监督将有利于提高环境治理的效果；俞会新等（2019）建议构建由政府主导、环境非政府组织参与协作的环境治理体系，以监督政府与企业行为。这些研究提出了许多有益的政策建议与解决方案，但大多数研究属于定性分析，并且对如何提高政府与市场在环保投入上协调合作的研究较少。因此，本书第 6 章将构建一种政府与市场的环保投入相互协调的策略，从提高环保产业竞争力、解决科技型环保企业融资困难的角度，推动环保投入率适度化。

3.3 本章小结

本章对中国环保产业的发展历程、环保投入的发展现状以及面临的问题进行了阐述。可以看到，中国的环保产业在经历了粗放式扩张后，正步入政府与市场协调发展的阶段。随着 PPP 模式的不断推广，绿色信贷对政府支出的协助与补充作用也愈加凸显。但同时也应看到，中国的绿色经济与环保产业的发展仍面临着许多问题。在中国经济由高速发展向高质量发展转型的今天，对适度环保投入这一问题的研究将为政府与市场的绿色发展决策提供有益的参考。因此，下一章将就中国适度环保投入的存在性进行判别，如果中国当前的经济建设与环境保护之间仍存在两难冲突，就意味着有必要在有限的资源禀赋约束下寻找适度的环保投入，以实现绿色经济更高效的发展。

第4章

中国适度环保投入率的存在性判别

中国经济发展已经进入了高质量发展阶段，要求经济建设与环境保护协同发展。按照EKC假说的论断，经济发展规模与环境污染存在一种如图4-1a所示的倒U型关系：当经济发展水平低于某个拐点（即图4-1a中的A点）时，环境污染程度将随着经济发展规模的提高而提高，而当经济发展规模高于某个拐点后，环境污染程度将随着经济发展规模的提高而下降。这意味着，如果将发展绿色经济看作经济人对“经济”与“环境”两种必需品的消费决策，那么这两种必需品的无差异曲线将具有如图4-1b所示的正U型特征：在拐点之后，经济与环境的消费具有正相关性，二者是相辅相成的关系，不存在适度环保投入的问题；但在拐点之前，经济与环境的消费具有负相关性，二者存在此消彼长的冲突，因此理论上存在一种适度的环保投入率（即图4-1b中的B点）实现经济人的效用最大化。这种效用最大化反映了有限的资源禀赋在经济建设与环境保护之间的有效分配，也是本书所定义的实现经济建设与环境保护协同发展的情况，而在该情况下的环保投入率就是适度环保投入率。其他的投入组合或者在经济建设方面投入过多（即4-1b中的C点）导致污染较为严重，或者在环境保护方面投入过多（即4-1b中的D点）导致经济发展停滞，或者对实体经济整体投入不足导致经济建设与环境保护均有进一步提高的空间（即 4－1b 中的 E 点），或者超过了资源禀赋的约束而无法实现（即 4－1b 中的 F 点）。因此，EKC 假说在中国的适用性是中国适度环保投入率存在的前提。

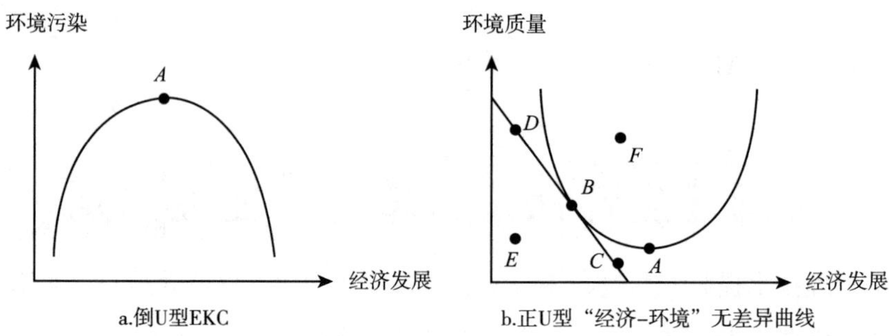

图 4－1　倒 U 型 EKC 与正 U 型“经济－环境”无差异曲线

然而，通过第 2 章对相关文献的综述不难发现，国内现有研究关于 EKC 在中国的实证结果并不一致。有研究表明 EKC 描述的倒 U 型特征在中国成立，但中国经济目前的发展水平尚未达到拐点（袁鹏和程施，2011；孙攀等，2019）；也有研究表明在某些污染源或某些地区中国经济的发展水平已经达到了倒 U 型 EKC 的拐点（李鹏涛，2017；曾翔和沈继红，2017；马丽梅和史丹，2017）；还有研究指出，EKC 的倒 U 型特征并不成立，经济发展与环境质量之间的关联性更加复杂（何枫，2016；刘华军和裴延峰，2017）。由于存在上述分歧，因此不能直接采用现有文献的研究结论作为本书的研究基础。故本章将做以下两方面的研究：一是以安德里尼和莱文森（Andreoni & Levinson，2001）的研究为基础建立理论模型，解释 EKC 的成因并论证适度环保投入的存在性；二是以中国 29 个省份 2004～2017 年的数据为样本对该假说在中国的适用性进行实证验证，从而判别现阶段中国适度环保投入的存在性，并为本书后续章节测算适度环保投入率、构建环保投入适度化策略奠定基础。

4.1　理论模型构建

4.1.1　AL 模型

本章的理论模型以安德里尼和莱文森（Andreoni & Levinson，2001）（以下简称“AL 模型”）为基础进行拓展。AL 模型认为 EKC 的出现是由污染治理技术提高所导致的。模型假设每个典型的消费者效用 U 由两部分构成：消费 C 与污染 P，且具有如下简单的线性形式：

$$U = C - zP \tag{4-1}$$

其中，$z>0$ 代表污染导致的负面效应系数。

污染 P 是消费的副产物，只要消费就一定会产生污染，但人们除了消费之外，还会将一定的资源用于环境保护。假设每个消费者的初始禀赋固定为 M，并且有 $M = C + E$，E 代表环保投入的禀赋。污染 P 具有如下形式：

$$P = C - C^{\alpha}E^{\beta} \tag{4-2}$$

其中，$0<\alpha$，$\beta<1$，$C^{\alpha}E^{\beta}$代表由消费量与环保投入共同决定的污染降低程度。为简化研究，当 $z=1$ 时，可以解出效用最大化时的均衡消费量 C^* 与环保投入 E^* 分别为：

$$C^* = \frac{\alpha}{\alpha+\beta}M, E^* = \frac{\beta}{\alpha+\beta}M \tag{4-3}$$

将式（4-3）代入式（4-2）可以得到在均衡消费量与环保投入分配下的污染量 P^*：

$$P^* = \frac{\alpha}{\alpha+\beta}M - \frac{\alpha^{\alpha}\beta^{\beta}}{(\alpha+\beta)^{\alpha+\beta}}M^{\alpha+\beta} \tag{4-4}$$

对P^*分别求关于M的一阶、二阶导数，可以得到：

$$\frac{\partial P^*}{\partial M}=\frac{\alpha}{\alpha+\beta}-\frac{\alpha^\alpha\beta^\beta}{(\alpha+\beta)^{\alpha+\beta-1}}M^{\alpha+\beta-1},$$

$$\frac{\partial^2 P^*}{\partial M^2}=-\frac{(\alpha+\beta-1)\alpha^\alpha\beta^\beta}{(\alpha+\beta)^{\alpha+\beta-1}}M^{\alpha+\beta-2} \tag{4-5}$$

由式（4－5）不难发现，当$\alpha+\beta=1$时，P^*与M呈线性关系（图4－2a）；当$\alpha+\beta<1$时，P^*与M呈正U型关系（图4－2b）；当$\alpha+\beta>1$时P^*与M呈倒U型关系（图4－2c）。当$\alpha+\beta\neq 1$时，可以得到$M^*=[(\alpha+\beta)^{\alpha+\beta-2}/\alpha^{\alpha-1}\beta^\beta]^{1/(\alpha+\beta-1)}$，即EKC的拐点位置。

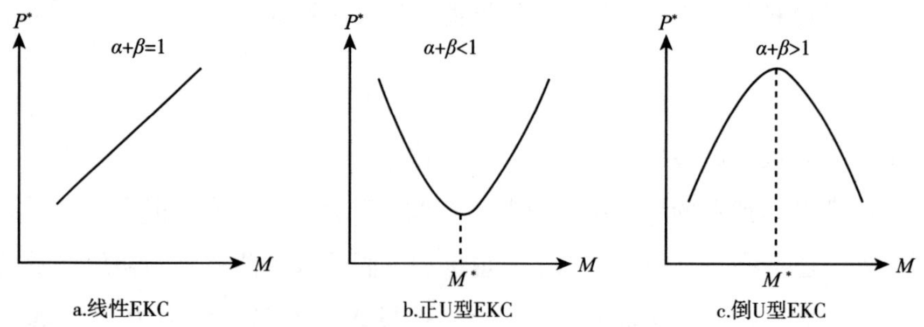

图4－2　污染（P）－禀赋（M）关系曲线

AL模型的核心思想是：如果由消费量与环保投入决定污染治理效果存在规模递增，即$\alpha+\beta>1$，那么随着经济增长、超过一定水平后，即使消费量的增加会带来污染排放的增加，污染治理的效果也将更好，因此EKC呈现出倒U型的特征。这一思想很好地体现了当经济发展水平较低时，经济建设与环境保护之间的替代关系，均衡条件下的E^*/M也在一定程度上与本书提出的适度环保投入率思想较为一致。AL模型的不足在于忽略了污染和环境治理的时空特征，因此模型反映的是两者的一种短期均衡特征。事实上，大自然对污染物的降解需要一定时间，因此当前的污染排放会以一定比例积累到未来；同时，污染物通常会向周围区域扩散，因此本地区的污染排放总量也与周围地区的污染情况有关。环境治理也具有类似的性质：一方面，历史投入形成的环保设施、环保技术在未来仍可以利用，只是会产生一定程度的折旧；另一方面，本期新增的环保投入也会对周边地区的环境质量改善产生空间溢出效应。这正是地理学第一定律的陈述：任何事物之间都存在联系，而相近的事物之间关系更紧密。基于以上这些考虑，接下来将对 AL 模型进行拓展，讨论在时空影响下的 EKC 长期均衡以及适度环保投入率。

4.1.2 时空影响下的理论模型构建

考虑两个地理位置相邻、人口总数相同的地区 A 和 B，每个地区的消费者都事前相同，在每个时期 t 都具有如下形式的效用函数：

$$U_{it} = C_{it} - P_{it}, i = A, B \tag{4-6}$$

其中，U_{it}、C_{it}、P_{it}分别代表 t 时期地区 i 中消费者的效用、消费量以及承受的污染排放量。P_{it}具有如下形式：

$$P_{At} = C_{At} + \eta C_{At-1} + \varphi C_{Bt} - C_{At}^{\alpha}[E_A(t)]^{\beta},$$
$$P_{Bt} = C_{Bt} + \eta C_{Bt-1} + \varphi C_{At} - C_{Bt}^{\alpha}[E_B(t)]^{\beta} \tag{4-7}$$

P_{At}与P_{Bt}具有对称形式，均由两部分组成。以P_{At}为例：第一部分是消费产生的污染排放量$C_{At} + \eta C_{At-1} + \varphi C_{Bt}$，其中$C_{At}$代表地区 A 的消费者本期消费产生的污染排放量；$\eta C_{At-1}$代表地区 A 的消费者上一期消费产生并积累到本期的污染排放量，$0 < \eta < 1$ 代表污染随时间推移的降解率，简单起见，假设只有上一期积累的污染对本期产生直接影响；φC_{Bt}代表地区 B 的消费者本期消费并扩散到地区 A 的污染排放量，$0 < \varphi < 1$ 代表污染随空间转移的降解率，因此转移量低于排放总量。第二部分是对污染的治理，$E_A(t)$ 代表地区 A 本期积累的环境治理能力，具有如下形式：

$$E_A(t) = (1-\delta)E_A(t-1) + E_{At} + \lambda E_{Bt}, E_A(0) = E_0 \tag{4-8}$$

其中，$E_A(t-1)$ 代表地区 A 上一期积累的环境治理能力，$0 < \delta < 1$ 代表环境治理能力随时间推移的折旧率；E_{At}代表地区 A 本期的环保投入；

λE_{Bt}代表地区 B 的环保投入对地区 A 的环境治理效果产生溢出效应，$0<\lambda<1$ 代表溢出效应的实际效率，其低于原始地区的环境治理效果；$E_0>0$ 代表没有任何环保投入时自然界自身的污染净化能力。显然$E_A(t)\geqslant 0$，因此极限 $\lim_{t\to+\infty}E_A(t)$ 存在以下三种结果：

（1）$\lim_{t\to+\infty}E_A(t)=0$，这意味着每一期环境治理能力的折旧幅度均超过当期新增的环保投入，以至于环境治理能力逐渐衰退并最终趋向于零。在这种路径下，污染积累将随着时间推移越来越严重，显然不属于绿色发展的模式。

（2）$\lim_{t\to+\infty}E_A(t)=+\infty$，这意味着每一期新增的环保投入都超过已有环境治理能力的折旧幅度，且投入力度之大使环境治理能力无限制增长。在这种路径下，尽管污染可以得到有效控制，但在环保方面的过度投入限制了经济增长，属于对环境治理的矫枉过正，也不是绿色发展的健康方式。

（3）$\lim_{t\to+\infty}E_A(t)=E$，这意味着当积累的环境治理能力达到一定程度后，每期新增的环保投入恰好等于原有环境治理能力的折旧，使环境治理能力处在一个稳定的水平。达到这种状态的前提是污染已随着经济的发展逐渐下降，否则环保投入仍将进一步增加。此时的 E 就是环境治理能力的长期均衡状态，而环保投入也达到一种稳定的长期均衡，既不会增长也不会减少；均衡效用则随着消费品总量的增长而增长。下文将对这一路径的实现条件做更进一步的分析。

每个地区的消费者都具有如下的禀赋约束：

$$C_{it}+E_{it}=M_t,i=A,B \tag{4-9}$$

式（4－9）表明，两个地区的消费者在同一时期的禀赋M_t相同。将式（4－7）、式（4－8）、式（4－9）代入式（4－6），分别对U_{At}、U_{Bt}求关于C_{At}、C_{Bt}的一阶条件可以得到：

$$\begin{cases}C_{At}^{*}=\dfrac{\alpha[M_t+\lambda E_{Bt}+(1-\delta)E_A(t-1)]}{\alpha+\beta}\\E_{At}^{*}=\dfrac{\beta M_t-\alpha[\lambda E_{Bt}+(1-\delta)E_A(t-1)]}{\alpha+\beta}\end{cases},$$

$$\begin{cases} C_{Bt}^* = \dfrac{\alpha[M_t + \lambda E_{At} + (1-\delta)E_B(t-1)]}{\alpha+\beta} \\ E_{Bt}^* = \dfrac{\beta M_t - \alpha[\lambda E_{At} + (1-\delta)E_B(t-1)]}{\alpha+\beta} \end{cases} \tag{4-10}$$

由式（4-10）不难看出，$\partial C_{At}^*/\partial E_{Bt}>0$、$\partial C_{At}^*/\partial E_A(t-1)>0$、$\partial E_{At}^*/\partial E_A(t-1)<0$、$\partial E_{At}^*/\partial E_{Bt}<0$、$\partial C_{Bt}^*/\partial E_{At}>0$、$\partial C_{Bt}^*/\partial E_B(t-1)>0$、$\partial E_{Bt}^*/\partial E_B(t-1)<0$、$\partial E_{Bt}^*/\partial E_{At}<0$，这表明当本地区历史积累的环境治理能力与相邻地区的环保投入增加（或减少）时，本地区可以增加（或减少）消费、减少（或增加）环保投入。当A、B两地区同时达到效用最大化时，可以进一步得到均衡的消费率与环保投入率：

$$\begin{aligned} &E_A(t-1)=E_B(t-1)=E(t-1), \\ &\frac{C_{At}^*}{M_t}=\frac{C_{Bt}^*}{M_t}=\frac{\alpha(1+\lambda)M_t+\alpha(1-\delta)E(t-1)}{[\alpha(1+\lambda)+\beta]M_t}, \\ &\frac{E_{At}^*}{M_t}=\frac{E_{Bt}^*}{M_t}=\frac{\beta M_t-\alpha(1-\delta)E(t-1)}{[\alpha(1+\lambda)+\beta]M_t} \end{aligned} \tag{4-11}$$

由式（4-11）不难发现，均衡的环保投入率由本期的禀赋M_t与历史积累的环境治理能力$E(t-1)$共同决定，根据两者大小的高低，可以分成以下三种情况：

（1）如果M_t、$E(t-1)$均很低且$\beta M_t<\alpha(1-\delta)E(t-1)$，此时经济发展水平和环境治理能力都很低，但由于污染也相对较低，因此$E_t^*=0$、$C_t^*=M_t$，全部禀赋都将集中用于经济建设，而污染则通过自然界自我净化，此时的适度环保投入率$E_t^*/M_t=0$。

（2）如果M_t增长到一定水平，满足$\beta M_t>\alpha(1-\delta)E(t-1)$，则适度环保投入率$E_t^*/M_t$由式（4-11）给出。令$g_t=C_t/C_{t-1}-1$代表$t$时期的经济增长率，将其代入式（4-7）可以得到两个地区均衡时的污染排放量P_{it}^*：

$$
\begin{aligned}
P_{At}^{*}=P_{Bt}^{*}=P_{t}^{*}&=\frac{\alpha[1+\eta/(1+g_{t})+\varphi]}{\alpha(1+\lambda)+\beta}[(1+\lambda)M_{t}+(1-\delta)E(t-1)]\\
&\quad-\frac{\alpha^{\alpha}\beta^{\beta}}{[\alpha(1+\lambda)+\beta]^{\alpha+\beta}}[(1+\lambda)M_{t}+(1-\delta)E(t-1)]^{\alpha+\beta},\\
\frac{\partial P_{t}^{*}}{\partial M_{t}}&=\frac{\alpha(1+\lambda)[1+\eta/(1+g_{t})+\varphi]}{\alpha(1+\lambda)+\beta}\\
&\quad-\frac{\alpha^{\alpha}\beta^{\beta}(1+\lambda)}{(\alpha+\beta)^{\alpha+\beta-1}}[(1+\lambda)M_{t}+(1-\delta)E(t-1)]^{\alpha+\beta-1},\\
\frac{\partial^{2}P_{t}^{*}}{\partial M_{t}^{2}}&=-(\alpha+\beta-1)\frac{\alpha^{\alpha}\beta^{\beta}(1+\lambda)^{2}}{(\alpha+\beta)^{\alpha+\beta-1}}[(1+\lambda)M_{t}+(1-\delta)E(t-1)]^{\alpha+\beta-2}
\end{aligned}
\tag{4-12}
$$

由式（4－12）不难看出，当 $\alpha+\beta=1$ 时，P_t^* 与M_t呈线性关系；当 $\alpha+\beta<1$ 时，P_t^* 与M_t呈正 U 型关系；当 $\alpha+\beta>1$ 时，P_t^* 与M_t呈倒 U 型关系，这与 AL 模型的结论是一致的。进一步讨论 $\alpha+\beta>1$ 时 EKC 的拐点位置，令$\partial P_t^*/\partial M_t=0$ 可以得到：

$$
M_{t}^{*}=\frac{1}{1+\lambda}\left\{\frac{(\alpha+\beta)^{\alpha+\beta-1}[1+\eta/(1+g_{t})+\varphi]}{\alpha^{\alpha-1}\beta^{\beta}[\alpha(1+\lambda)+\beta]}\right\}^{1/(\alpha+\beta-1)}-\frac{(1-\delta)E(t-1)}{1+\lambda}
\tag{4-13}
$$

式（4－13）表明，第一，从污染的角度来看，$\partial M_t^*/\partial\eta>0$、$\partial M_t^*/\partial\varphi>0$，即历史的污染排放物降解的速度越慢、积累量越大，邻近地区的污染排放溢出越多，EKC 的拐点将越向右平移；第二，从环境治理的角度来看，$\partial M_t^*/\partial E(t-1)<0$、$\partial M_t^*/\partial\lambda<0$，即历史积累的环境治理能力越强，邻近地区的污染治理效果越好，EKC 的拐点将越向左平移；第三，从经济增长的角度来看，$\partial M_t^*/\partial g_t<0$，即经济增长率越高，消费增长越快，EKC 的拐点将越向左平移。需要强调的是，式（4－13）给出的是 EKC 短期均衡的拐点，而 EKC 长期均衡的拐点将在下一种情况中达到。

（3）随着环境治理能力的积累不断提高，短期 EKC 拐点对应的禀

赋 M_t^* 也将下降，因此当 M_t^* 足够高且经济增长率稳定为 g 时，EKC 将在达到短期均衡的同时达到长期均衡。如上文所述，此时环保投入满足 $E=(1-\delta)E+(1+\lambda)E_t^* \Rightarrow E_t^*=\delta E/(1+\lambda)$，即新增投入恰好补充折旧损失。同时，长期均衡下的环保投入E_t^*也同样满足短期均衡的式（4－11），并且恰好达到长期均衡的禀赋M_E^*也满足短期均衡的式（4－13），综合可得：

$$E=\left\{\frac{(\alpha+\beta)^{\alpha+\beta-1}\beta^{\alpha-1}[1+\eta/(1+g_t)+\varphi]}{\alpha^{\alpha-1}[\alpha(1+\lambda)+\beta]^{\alpha+\beta}}\right\}^{1/(\alpha+\beta-1)},$$

$$M_E^*=\frac{\alpha(1+\lambda)+\delta\beta}{(1+\lambda)\beta}E \tag{4-14}$$

由式（4－14）不难发现，$\partial E/\partial\eta>0$、$\partial E/\partial\varphi>0$、$\partial E/\partial\lambda<0$、$\partial E/\partial g<0$，因此长期均衡的环境治理能力同样与污染的时空溢出性正相关，与环境治理的空间溢出性以及经济增长率负相关。由此可见，绿色发展模式就是在保持经济稳定增长的同时减少污染排放、加强地区之间在污染治理方面的协作，共同维护经济的可持续发展。当$M_t^*>M_E^*$之后，经济建设与环境保护不再此消彼长，只需保持环保投入$E_t^*=\delta E/(1+\lambda)$，将其他禀赋全部用于经济建设就能够实现绿色经济最高效的增长。

综上所述，如果当前的经济发展水平低于 EKC 的拐点，那么经济建设与环境保护就存在此消彼长的冲突，因此存在为零或者由式（4－11）给出的适度环保投入率；而如果经济发展水平超过了 EKC 拐点，根据上文的论证，它必然也已达到了长期均衡，那么经济建设与环境保护就是相辅相成而非两难冲突的关系，适度环保投入率也由此转变为长期均衡的环保投入率。这一结论正是图 4－1 所描述的内容。因此，接下来将通过计量模型对中国的 EKC 进行估计，考察时空依赖下的 EKC 形态以及拐点位置，从而判别在现阶段中国经济发展水平下是否存在适度的环保投入率。

4.2 计量模型构建与样本数据确定

4.2.1 模型设定

本节将参照刘华军和杨骞（2014）的研究方法验证 EKC 的形态和拐点位置，计量模型具有如下形式：

$$pol_{it} = \alpha_0 + \alpha_1 gdp_{it} + \alpha_2 gdp_{it}^2 + \sum_{k=3}^{K} \alpha_k \prod_{kit} + \mu_i + \varepsilon_{it} \quad (4-15a)$$

$$pol_{it} = \alpha_0 + \beta pol_{it-1} + \alpha_1 gdp_{it} + \alpha_2 gdp_{it}^2 + \sum_{k=3}^{K} \alpha_k \prod_{kit} + \mu_i + \varepsilon_{it} \quad (4-15b)$$

$$pol_{it} = \alpha_0 + \gamma W pol_{it-1} + \alpha_1 gdp_{it} + \alpha_2 gdp_{it}^2 + \sum_{k=3}^{K} \alpha_k \prod_{kit} + \mu_i + \varepsilon_{it} \quad (4-15c)$$

$$pol_{it} = \alpha_0 + \beta pol_{it-1} + \gamma W pol_{it-1} + \alpha_1 gdp_{it} + \alpha_2 gdp_{it}^2 + \sum_{k=3}^{K} \alpha_k \prod_{kit} + \mu_i + \varepsilon_{it} \quad (4-15d)$$

其中，pol 代表污染排放指标；gdp 代表以 2004 年为基期的不变价格计算的人均 GDP；$\prod$ 代表其他一系列影响污染排放的控制变量，i 为省份代码，t 为观察年度代码，k 为控制变量代码，μ 为不同省份不随时间变化的个体异质性特征，ε 为随机干扰项。基于数据的可得性以及本书各章节研究数据的一致性，模型选取的时间区间为 2004 ~ 2017 年。

式（4 – 15a）为不考虑时空依赖影响的静态面板模型。式（4 – 15b）在式（4 – 15a）的基础上加入了被解释变量 pol 的一期滞后项，研究污染排放是否存在时间依赖：如果 β 显著为正，则表示污染排放存在惯性特性的时间依赖，随着历史污染排放的不断累积，未来的污染排放量将越来越大；如果β显著为负，则表示污染排放存在收敛特征的时间依赖，即从长期来看，污染排放量将逐渐达到一个动态平衡的水平；如果β不显著，则表示污染排放不存在时间依赖，历史的污染排放对未来没有影响。

式（4－15c）在式（4－15a）的基础上加入了环境污染的空间变量$Wpol_{it}$，W代表空间矩阵，通过该变量系数γ的正负显著性研究污染排放是否存在空间依赖：如果γ显著为正，则表示污染排放具有正向的空间溢出效应，一个地区的污染排放提高将会导致与其在地理上相关的其他地区的污染排放上升；如果γ显著为负，则表示污染排放具有负向的空间溢出效应，一个地区的污染排放提高将会导致与其在地理上相关的其他地区的污染排放下降；如果γ不显著，则表示污染排放不具有空间依赖性。式（4－15d）则同时讨论污染排放的时间和空间依赖性。

在上述模型设定下，如果α_1显著非零且α_2不显著非零，则意味着EKC的形态为线性；如果α_2显著非零，则意味着EKC的形态为非线性。更具体地，如果α_1显著为负且α_2显著为正，则意味着EKC的形态为正U型；如果α_1显著为正且α_2显著为负，则意味着EKC的形态为倒U型。在倒U型形态中，EKC的拐点位置代表了实现经济发展与环境质量正相关的最低人均GDP，即$gdp^* = -\alpha_1/2\alpha_2$。

4.2.2　空间矩阵的构建及空间相关性检验

1. 空间矩阵的构建

空间矩阵W的构建通常有如下三种方式：

（1）邻接权重矩阵（W_1）。这类矩阵只讨论不同的两个省份是否存在地理接壤，如果省份i与j接壤，则矩阵元素$w_{ij}=1$，否则$w_{ij}=0$。同时，令矩阵对角线$w_{ii}=0$，避免重复计算自身权重。

（2）距离权重矩阵（W_2）。这类矩阵不仅考虑了两个省份是否存在地理接壤，还进一步考虑了距离远近对空间溢出效应强弱的影响，故矩阵元素w_{ij}的定义为：

$$w_{ij}=\begin{cases}1/d_{ij}, & i\neq j\\ 0, & i=j,\end{cases}$$

$$d_{ij}=\cos^{-1}[(\sin\phi_i\times\sin\phi_j)+(\cos\phi_i\times\cos\phi_j\times\cos\Delta\tau)]\times R \tag{4-16}$$

其中，ϕ_i、ϕ_j代表两个不同省份的省会或最大城市的纬度，$\Delta\tau$ 代表两个城市的经度差，R 代表地球平均半径 6371 千米。同样对矩阵对角线元素取零值，再进行标准化处理：$\hat{w}_{ij}=w_{ij}/\max\limits_{i,j}w_{ij}$，使全部元素都位于［0，1］区间内。

（3）经济权重矩阵（W_3）。这类矩阵认为两个省份的经济往来越紧密，则空间关联度越高。本章构建的经济权重矩阵元素具有如下形式：

$$w_{ij}=\begin{cases}1-|(gdp_i-gdp_j)/(gdp_i+gdp_j)|, & i\neq j\\ 0, & i=j\end{cases} \tag{4-17}$$

其中，gdp_i、gdp_j代表两个不同省份的人均 GDP。可以看出两个省份的人均 GDP 越接近，w_{ij}越接近 1，表明两个地区的经济发展水平越接近，经济往来越紧密，相反如果人均 GDP 差距越明显，则w_{ij}越接近 0。

2. 空间相关性检验

所谓空间相关性，是指某一空间要素的属性值是否与其相邻空间要素的属性值具有相关性，正相关表示要素存在空间集聚性，负相关则表示要素存在空间分散性。目前大多数文献均采用莫兰指数进行空间相关性检验，该指数的定义如下：

$$Moran's\ I=\frac{n\sum_{i=1}^{n}\sum_{j=1}^{n}w_{ij}(x_i-\bar{x})(x_j-\bar{x})}{\sum_{i=1}^{n}\sum_{j=1}^{n}w_{ij}\sum_{i=1}^{n}(x_i-\bar{x})^2}=\frac{n}{S^2}\frac{\sum_{i=1}^{n}\sum_{j=1}^{n}w_{ij}(x_i-\bar{x})(x_j-\bar{x})}{\sum_{i=1}^{n}\sum_{j=1}^{n}w_{ij}} \tag{4-18}$$

其中，$S^2=\sum_{i=1}^{n}(x_i-\bar{x})^2, \bar{x}=\sum_{i=1}^{n}x_i/n$；$x_i$代表空间要素，即上文定义的污染排放指标$pol_i$；$w_{ij}$代表空间矩阵元素。莫兰指数的取值范围是[-1,1]，大于0则代表污染排放具有空间集聚性，即某一地区的污染越高（越低），其周围地区的污染也越高（越低）；小于0则代表污染排放具有空间分散性，即某一地区的污染越高（越低），其周围地区的污染则越低（越高）；等于0则代表地区污染排放的高低是随机分布的。

4.2.3 变量测度

1. 被解释变量：环境污染程度（*pol*）

验证EKC的基础是选择合适的指标度量环境污染程度。本书选取了各省份四种主要污染物——废水、废气（由二氧化硫、氮氧化物、粉尘加总得到）、固体废弃物以及生活垃圾——的人均排放量作为被解释变量，消除人口因素对实证结果的影响。所有数据通过历年《中国统计年鉴》《中国环境统计年鉴》整理得到。此外，考虑到选取单一污染物进行测度可能会导致结果出现偏差，因此本章参照王军和耿建（2014）的研究方法，将上述四种污染物的人均排放量通过熵权法构建环境污染综合指数PI，也作为被解释变量进行实证，具体做法如下：

首先对各种污染排放进行归一化处理，以消除量纲不同造成的影响：

$$\overline{pol_{ir}}=\frac{pol_{ir}-\min_i pol_{ir}}{\max_i pol_{ir}-\min_i pol_{ir}} \tag{4-19}$$

其中，pol_{ir}代表第i个省份的第r种污染物排放量，计算其占n个省份总排放量的比重：

$$P_{ir}=\frac{\overline{pol_{ir}}}{\sum_{i=1}^{n}\overline{pol_{ir}}} \tag{4-20}$$

接下来计算第 r 种污染排放物的熵值 e_r 及其在环境污染综合指数中的权重 ω_r：

$$e_r = -\sum_{i=1}^{n} \frac{P_{ir}\ln P_{ir}}{\ln n}, \omega_r = \frac{1 - e_r}{\sum_{r=1}^{R}(1 - e_r)} \tag{4-21}$$

最后由标准化的污染物排放量与污染物权重得到环境污染综合指数 PI：

$$PI_i = \sum_{i=1}^{n} \overline{pol_{ir}} \times \omega_r \tag{4-22}$$

该指数在［0,1］范围内，数值越高意味着该地区的污染越严重，GDP 的质量越低。部分年份的环境污染综合指数如表 4－1 所示。不难发现，全国各省份的综合污染情况存在显著的区域差异性，且逐渐形成了具有代表性的四类空间分布特征。第一类以北京、上海、广东、江苏、浙江等东南沿海省份为代表，这些地区的经济发展规模最高，污染程度也在全国平均水平以上，属于高污染、高增长地区；第二类以安徽、河南、湖北、湖南等中部省份为代表，污染程度低于全国平均水平，但经济发展规模也相对较低，属于低污染、低增长地区；第三类以辽宁、河北、山西等东北、华北地区省份为代表，这些地区属于传统的重工业地区，污染程度达到或超过了全国平均水平，但近年来经济增长速度也较为缓慢，属于高污染、低增长地区；第四类以内蒙古、青海、宁夏、新疆等西北省份为代表，虽然这些地区也属于高污染、低增长地区，但高污染主要是由于人口稀少、人均排放量较高所导致，故与第三类情况有所区别。

表 4－1　部分年份各地区环境污染综合指数

省份	2004 年	2008 年	2012 年	2017 年
北京	0.32	0.28	0.28	0.30
天津	0.25	0.22	0.22	0.23
河北	0.39	0.33	0.27	0.23
山西	0.76	0.64	0.43	0.34
内蒙古	0.59	0.65	0.60	0.51

续表

省份	2004 年	2008 年	2012 年	2017 年
辽宁	0. 43	0. 51	0. 39	0. 38
吉林	0. 25	0. 29	0. 23	0. 22
黑龙江	0. 28	0. 27	0. 28	0. 21
上海	0. 44	0. 40	0. 37	0. 33
江苏	0. 22	0. 22	0. 26	0. 31
浙江	0. 23	0. 23	0. 27	0. 30
安徽	0. 12	0. 15	0. 13	0. 11
福建	0. 18	0. 25	0. 22	0. 22
江西	0. 21	0. 21	0. 14	0. 14
山东	0. 20	0. 19	0. 19	0. 24
河南	0. 15	0. 16	0. 14	0. 11
湖北	0. 20	0. 18	0. 16	0. 14
湖南	0. 20	0. 21	0. 11	0. 10
广东	0. 19	0. 22	0. 25	0. 28
广西	0. 25	0. 29	0. 13	0. 11
重庆	0. 25	0. 24	0. 16	0. 22
四川	0. 19	0. 12	0. 08	0. 12
贵州	0. 22	0. 21	0. 13	0. 20
云南	0. 09	0. 13	0. 12	0. 12
陕西	0. 25	0. 24	0. 20	0. 18
甘肃	0. 18	0. 16	0. 14	0. 12
青海	0. 31	0. 45	0. 51	0. 52
宁夏	0. 53	0. 52	0. 64	0. 61
新疆	0. 30	0. 35	0. 44	0. 39

2. 解释变量：经济发展水平（*gdp*）

本书采用各省份的人均地区生产总值作为解释变量，原因在于地区生产总值与环境污染程度具有时空上的一致性，并且需剔除人口因素对实证结果的影响。同时，由于各年份的地区生产总值与本年度的物价水平相关，故将各年数据按照 2004 年的价格进行平减，剔除价格因素对实证结果的影响。

3. 控制变量

本书选取的控制变量包括：

（1）产业结构（*indus*），采用各省份第二产业增加值占其地区生产总值的比重来表示，用于衡量产业结构中的工业占比对污染排放的影响。通常在工业占比较低时，污染程度会随着工业占比的提高而上升；但当工业占比很高时，由于环境治理能力的提高，污染程度可能会下降。

（2）城镇化率（*urban*），采用各省份城镇人口占常住人口比重来表示，用于衡量城市化对污染排放的影响。因为城镇化会加强区域之间的经济往来，可能会导致污染的空间溢出性提高，但城镇化也可能会提高环境治理的投入，使环境得到改善。

（3）经济外向度（*open*），采用各省份进出口总额占其地区生产总值的比重来表示，用于衡量国际贸易对污染排放的影响。

本模型仅讨论人均地区生产总值与污染排放的关联性，因此不考虑控制变量与解释变量的交乘项。所有变量名称及其对应的核算方法如表4－2所示。

表4－2　　变量解释

变量类型	变量名称（符号）	核算方法
被解释变量	污染排放量（*pol*）	人均废水、废气、固废、生活垃圾排放量；环境污染综合指数PI
解释变量	人均地区生产总值（*gdp*）	人均地区生产总值
控制变量	产业结构（*indus*）	第二产业增加值/地区生产总值
	城镇化率（*urban*）	城镇人口/常住人口
	经济外向度（*open*）	进出口总额/地区生产总值

4.2.4　数据说明

由于海南、西藏及港澳台地区的部分数据缺失，故选取2004～2017

年我国 29 个省份的经济数据，数据来源于历年的《中国统计年鉴》《中国环境统计年鉴》等。所有变量描述性统计如表 4 – 3 所示。

表 4 – 3　变量描述性统计

变量	*pol*（废水）	*pol*（废气）	*pol*（固废）	*pol*（垃圾）	*pol*（综合）	*gdp*	*indus*	*urban*	*open*
单位	吨/人	千克/人	吨/人	吨/人	—	万元/人	%	%	%
均值	40.25	46.72	2.34	0.14	0.27	2.46	51.51	46.25	30.92
标准差	27.52	18.60	3.26	0.07	0.14	1.43	11.35	8.37	36.21
最小值	6.54	14.26	0.29	0.04	0.08	0.40	19.01	25.69	1.16
最大值	169.52	113.92	25.29	0.43	0.76	7.46	61.48	89.60	170.76
观测量	406	406	406	406	406	406	406	406	406

4.2.5　计量方法的确定

本章构建的四个面板回归模型中，式（4 – 15a）将采用通过 Hausman 检验确定的固定效应或随机效应进行估计；式（4 – 15b）加入了被解释变量滞后项，采用系统广义矩（SGMM）进行估计；式（4 – 15c）加入了被解释变量的空间项，采用两阶段最小二乘法（2SLS）进行估计；式（4 – 15d）同时加入了被解释变量的滞后项与空间项，采用系统广义矩进行估计。

4.3　实证结果分析

4.3.1　空间相关性检验

首先对各种污染排放物以及环境污染综合指标 PI 进行空间相关性检验，结果如表 4 – 4、表 4 – 5 所示。

表 4-4　废水、废气、固废历年的莫兰指数

年份	废水			废气			固废		
	W_1	W_2	W_3	W_1	W_2	W_3	W_1	W_2	W_3
2004	0.345***	0.063***	0.053***	0.256***	0.060***	-0.039	0.253***	0.056***	-0.041
2005	0.297***	0.045**	0.047***	0.295***	0.058***	-0.039	0.291***	0.059***	-0.042
2006	0.331***	0.058***	0.049***	0.309***	0.059***	-0.036	0.263***	0.039**	-0.042
2007	0.297***	0.050***	0.037***	0.305***	0.054***	-0.036	0.290***	0.050***	-0.041
2008	0.273***	0.044**	0.038***	0.304***	0.056***	-0.035	0.273***	0.045**	-0.039
2009	0.276***	0.041**	0.045***	0.318***	0.059***	-0.031	0.302***	0.075***	-0.038
2010	0.320***	0.064***	0.050***	0.312***	0.068***	-0.034	0.296***	0.063***	-0.034
2011	0.453***	0.107***	0.061***	0.369***	0.081***	-0.036	0.043	0.015**	-0.034
2012	0.480***	0.121***	0.069***	0.352***	0.079***	-0.036	0.072	0.014**	-0.032
2013	0.471***	0.119***	0.070***	0.369***	0.081***	-0.035	0.079*	0.011**	-0.033
2014	0.442***	0.113***	0.077***	0.402***	0.092***	-0.034	0.083*	0.019**	-0.033
2015	0.490***	0.131***	0.081***	0.409***	0.095***	-0.033	0.051	0.005**	-0.035
2016	0.366***	0.068***	0.070***	0.319***	0.081***	-0.030	0.044	0.004*	-0.034
2017	0.353***	0.077***	0.068***	0.322***	0.074***	-0.032	0.095*	0.022**	-0.034

注：*、**、*** 分别表示参数的估计值在 10%、5% 和 1% 的水平上显著。

表4－5　　生活垃圾、环境污染综合指数PI历年的莫兰指数

年份	生活垃圾			环境污染综合指数PI		
	W_1	W_2	W_3	W_1	W_2	W_3
2004	0.204**	0.094***	0.014***	0.259***	0.063***	－0.036
2005	0.183**	0.079**	0.011***	0.297***	0.055***	－0.033
2006	0.201**	0.074***	0.021***	0.270***	0.049***	－0.032
2007	0.210**	0.077***	0.027***	0.264***	0.045**	－0.033
2008	0.204**	0.076**	0.037***	0.250***	0.042**	－0.035
2009	0.221**	0.077**	0.037***	0.198**	0.040**	－0.029
2010	0.188**	0.059***	0.041***	0.231**	0.044**	－0.030
2011	0.189**	0.061***	0.036***	0.269***	0.059***	－0.024
2012	0.163**	0.049***	0.046***	0.271***	0.057***	－0.026
2013	0.157**	0.041**	0.053***	0.250***	0.048**	－0.025
2014	0.109	0.023**	0.051***	0.260***	0.053***	－0.024
2015	0.109	0.026**	0.059***	0.221**	0.046**	－0.018
2016	0.133*	0.033**	0.065***	0.149*	0.028**	－0.024
2017	0.192**	0.050***	0.077***	0.144*	0.021*	－0.019

注：*、**、***分别表示参数的估计值在10%、5%和1%的水平上显著。

由表4－4和表4－5可以看出：第一，四种污染物与环境污染综合指数PI的莫兰指数在邻接权重矩阵和距离权重矩阵的关联模式下均呈现出显著的空间正相关性，这意味着一个省份的污染排放会对其邻近省份产生空间溢出效应；第二，经济权重矩阵下的空间相关性并不完全显著，这意味着目前我国的环境污染更呈现区域特征，而非发展水平特征，因此即使人均地区生产总值相近的省份，其污染水平也可能存在显著差异；第三，从数值上看，废水、废气的莫兰指数高于固废和生活垃圾，这是由于废水和废气的流动性更强，而固废和生活垃圾则更容易受到区域限制，不易向省外流动扩散。

图4－3给出了邻接权重矩阵下2017年四种污染物的莫兰散点图。可以看到大部分省份的散点位于第一、三象限，这意味着高污染的省份周围

大多是高污染的省份，低污染省份周围大多是低污染省份，污染的空间集聚性明显。

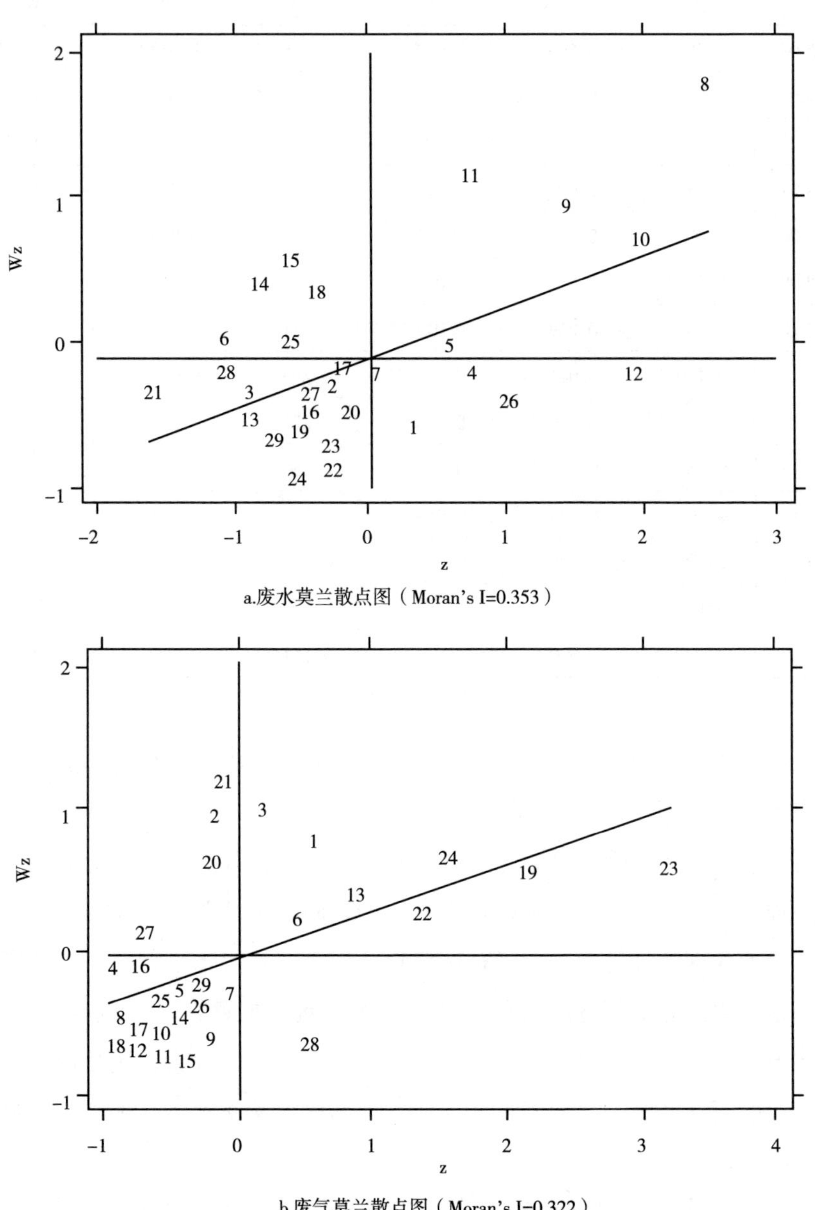

a.废水莫兰散点图（Moran's I=0.353）

b.废气莫兰散点图（Moran's I=0.322）

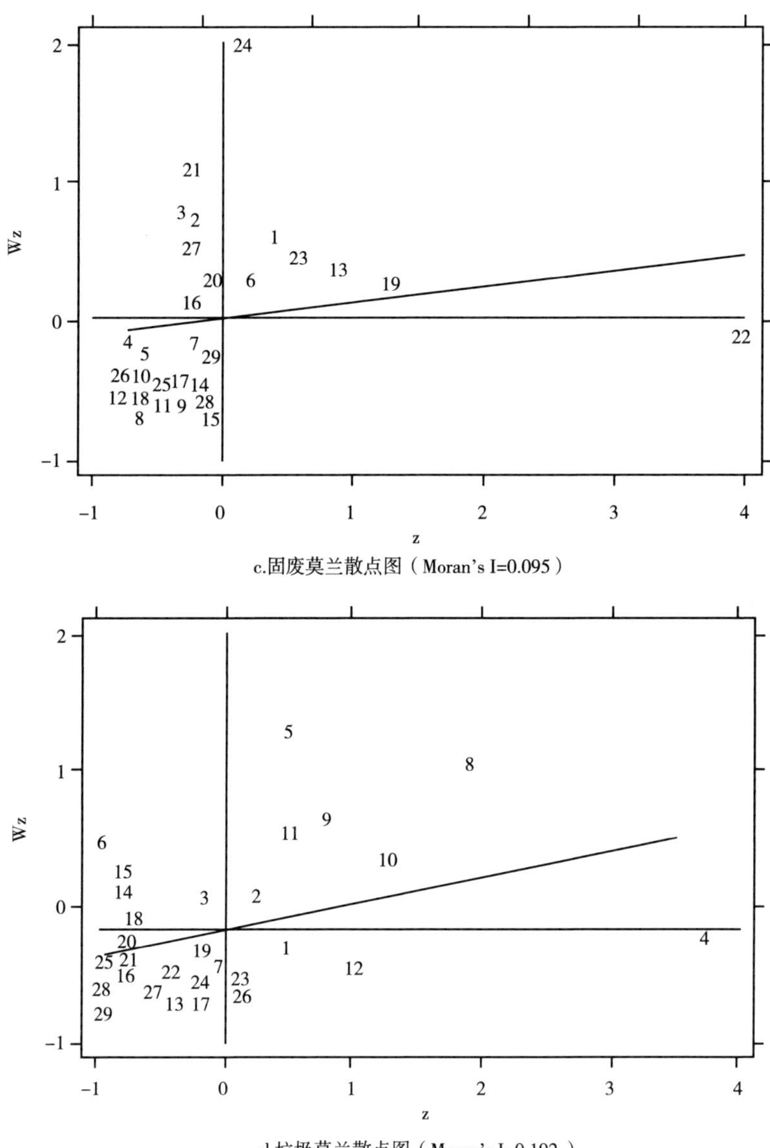

c.固废莫兰散点图（Moran's I=0.095）

d.垃圾莫兰散点图（Moran's I=0.192）

图4－3　2017年各省份四种污染物的莫兰散点图

注：1－辽宁；2－吉林；3－黑龙江；4－北京；5－天津；6－河北；7－山东；8－上海；9－江苏；10－浙江；11－福建；12－广东；13－山西；14－安徽；15－江西；16－河南；17－湖北；18－湖南；19－内蒙古；20－陕西；21－甘肃；22－青海；23－宁夏；24－新疆；25－广西；26－重庆；27－四川；28－贵州；29－云南。

4.3.2 实证检验结果

1. 废水 EKC 的实证检验结果

接下来分别对四种污染排放物以及环境污染综合指数 PI 的 EKC 进行实证检验。废水 EKC 的回归结果如表 4－6 所示。相关检验显示，静态非空间面板模型（1）的 Hausman 检验 P 值为 0.015，采用固定效应（FE）模型；静态空间面板模型（3）~模型（5）中工具变量选取解释变量的滞后项，Cragg-Donald Wald F 统计量均高于 15% 偏误下的临界值 4.58，因此不存在弱工具变量问题，且工具变量数量与内生变量数量相同，因此模型是恰足识别（exactly identified）；动态面板模型（2）、模型（6）、模型（7）、模型（8）中，AR(2) 在 1% 的显著性水平上不能拒绝原假设，即差分方程中的扰动项不存在二阶自相关，且 Hansen 统计量的 P 值均大于 0.10，可以认为工具变量的设定都有效。

表 4－6　　废水 EKC 的回归结果

项目	(1)	(2)	(3)	(4)	(5)	(6)	(7)	(8)
	FE	SGMM	2SLS			SGMM		
			W_1	W_2	W_3	W_1	W_2	W_3
gdp	4.775 *** (2.76)	4.011 *** (2.78)	10.783 ** (2.29)	10.831 ** (2.42)	11.283 (1.41)	5.169 *** (2.71)	4.568 *** (3.89)	3.700 *** (3.30)
gdp^2	－0.286 * (－1.69)	－0.257 ** (－2.36)	－1.693 * (－1.77)	－1.732 * (－1.75)	－1.716 (－1.50)	－0.378 ** (－2.54)	－0.348 *** (－3.15)	－0.306 *** (－3.34)
pol(－1)		0.728 *** (6.26)				0.688 *** (5.44)	0.687 *** (9.28)	0.712 *** (9.80)
Wpol			0.001 (0.22)	0.011 (0.87)	－0.002 (－0.10)	－0.004 (－0.66)	0.033 ** (2.09)	0.013 *** (3.7)
indus	－0.042 (－0.62)	－0.107 (－1.17)	0.402 ** (1.99)	0.401 * (1.93)	0.393 ** (2.50)	－0.089 (－1.13)	－0.035 (－0.93)	0.047 (0.90)
urban	0.473 *** (3.13)	－0.099 (－1.17)	0.395 *** (2.73)	0.399 ** (2.51)	0.372 ** (2.53)	－0.129 (－0.96)	－0.268 *** (－4.17)	－0.356 *** (－6.55)

续表

项目	(1)	(2)	(3)	(4)	(5)	(6)	(7)	(8)
	FE	SGMM	2SLS			SGMM		
			W_1	W_2	W_3	W_1	W_2	W_3
open	0.094 *** (3.15)	0.106 *** (4.34)	0.210 *** (8.71)	0.211 *** (8.73)	0.208 *** (4.82)	0.109 *** (3.95)	0.137 *** (8.70)	0.176 *** (6.04)
constant	11.697 *** (2.63)	12.986 *** (3.14)	−14.326 (−1.00)	−15.854 (−0.92)	−11.552 (−1.05)	14.173 *** (2.70)	12.932 *** (4.40)	5.513 (1.25)
Hausman P	0.015							
R^2	0.408							
Pro > F	0.000		0.000	0.000	0.000			
Pro > chi^2		0.000				0.000	0.000	0.000
P-AR(1)		0.009				0.009	0.006	0.006
P-AR(2)		0.140				0.134	0.127	0.157
C-D Wald F			7.012	6.080	12.833			
10% max			7.03	7.03	7.03			
15% max			4.58	4.58	4.58			
Hansen		0.220				0.132	0.340	0.270
观察量	406	406	406	406	406	406	406	406
EKC 形态	∩	∩	∩	∩	#	∩	∩	∩
拐点	8.35	7.80	3.18	3.13	—	6.84	6.56	6.05

注：*、**、*** 分别表示参数的估计值在 10%、5% 和 1% 的水平上显著。

由表 4 –6 可知：第一，在以上 8 个回归模型中，*gdp* 的一次项系数均为正、二次项系数均为负，且除模型（5）之外所有系数均显著，因此可以认为废水的 EKC 具有倒 U 型特征。第二，在非空间的动态面板模型（2）中，*pol* 的一期滞后项系数显著为正，表明废水的排放具有惯性特征，即历史排放量越多，未来积累的排放量也将越多。第三，在空间静态面板模型（3）~模型（5）中，空间变量 *Wpol* 的系数均不显著，表明在剔除时间影响后，废水排放的空间依赖性不明显，由此可见废水排放的时间依赖性强于空间依赖性，这是因为某个省份当期排放的废水通过河流流入其他省份并形成污染需要一定的时间，而且河流本身也存在自我净化功能，会降低这种空间溢出影响。第四，在同时考虑时空影响的动态空间面板模型（6）~模型（8）中，模型（6）的空间变量系数不显著，模型（7）、模型（8）的 *pol* 一期滞后项与空间变量系数同时显著，因此这两个模型的估计结果最准确，故对模型（7）、模型（8）估计的 EKC 拐点取平均值，可以得到废水 EKC 拐点的人均地区生产总值为 6.31 万元/人。第五，从控制变量的显著性来看，产业结构 *indus*、城镇化率 *urban* 对废水的影响不一致，系数在不同模型中的正负性和显著性有较大差异；经济外向度 *open* 对废水的影响在全部模型中显著为正，可以认为这种影响是一致的，即进出口贸易的提高会导致废水排放量增加、环境质量下降，这与格罗斯曼和克鲁格（Grossman & Krueger，1995）、苏里和查普曼（Suri & Chapman，1998）等认为国际贸易导致污染从发达国家向发展中国家转移的观点是一致的。

2. 废气 EKC 的实证检验结果

废气 EKC 的回归结果如表 4-7 所示。相关检验显示，静态非空间面板模型（1）的 Hausman 检验 P 值为 0.015，采用固定效应（FE）模型；静态空间面板模型（3）~模型（5）中工具变量选取解释变量的滞后项，C-D Wald F 统计量均高于 15% 偏误下的临界值 4.58，因此不存在弱工具变量问题，且工具变量数量与内生变量数量相同，因此模型是恰足识别；动态面板模型（2）、模型（6）、模型（7）、模型（8）中，AR(2) 在 1% 的显著性水平上不能拒绝原假设，即差分方程中的扰动项不存在二阶自相关，且 Hansen 统计量的 P 值均大于 0.10，可以认为工具变量的设定都有效。

表 4-7　　废气 EKC 的回归结果

项目	(1)	(2)	(3)	(4)	(5)	(6)	(7)	(8)
	FE	SGMM	2SLS			SGMM		
			W_1	W_2	W_3	W_1	W_2	W_3
gdp	21.082 *** (4.27)	20.219 *** (11.00)	24.636 ** (2.12)	25.958 ** (2.02)	19.689 * (1.91)	13.066 *** (3.85)	13.633 *** (3.24)	13.560 ** (2.25)

续表

项目	(1)	(2)	(3)	(4)	(5)	(6)	(7)	(8)
	FE	SGMM	2SLS			SGMM		
			W_1	W_2	W_3	W_1	W_2	W_3
gdp^2	-1.833 *** (-3.59)	-0.688 *** (-2.69)	-4.885 ** (-1.97)	-4.307 (-1.53)	-3.382 * (-1.68)	-0.938 *** (-2.63)	-1.093 *** (-3.12)	-1.114 ** (-2.05)
pol(-1)		0.605 *** (27.89)				0.426 *** (9.50)	0.217 *** (4.16)	0.216 *** (4.54)
Wpol			0.083 *** (5.78)	0.133 *** (4.02)	0.027 *** (3.39)	0.097 *** (8.65)	0.203 *** (8.20)	0.028 *** (6.41)
indus	-0.848 *** (-4.92)	-1.979 *** (-13.53)	0.677 (1.28)	0.382 (0.64)	0.490 (1.21)	-0.366 ** (-2.25)	0.394 * (1.80)	0.243 (1.20)
urban	-0.775 * (-1.80)	-0.461 ** (-2.42)	0.417 (1.06)	-0.052 (-0.13)	0.060 (0.18)	-1.000 *** (-3.03)	-1.644 *** (-2.95)	-1.653 *** (-2.94)
open	-0.102 (-1.05)	0.211 *** (4.29)	-0.211 *** (-3.48)	-0.240 *** (-3.85)	-0.248 *** (-4.23)	0.276 *** (3.97)	0.189 ** (2.52)	0.263 *** (3.10)
constant	90.655 *** (7.12)	90.206 *** (18.92)	-45.801 (-1.09)	-16.100 (-0.32)	-24.944 (-0.84)	41.705 *** (3.81)	35.468 *** (2.97)	43.900 *** (2.64)
Hausman P	0.000							
R^2	0.131							
Pro > F	0.000		0.000	0.000	0.000			
Pro > chi^2		0.000				0.000	0.000	0.000
P-AR(1)		0.002				0.022	0.851	0.987
P-AR(2)		0.054				0.062	0.059	0.077
C-D Wald F			8.913	6.075	9.810			
10% max			7.03	7.03	7.03			
15% max			4.58	4.58	4.58			
Hansen		0.150				0.161	0.442	0.275
观察量	406	406	406	406	406	406	406	406
EKC 形态	∩	∩	∩	↗	∩	∩	∩	∩
拐点	5.75	14.69	2.52	—	2.91	6.96	6.24	6.09

注：*、**、*** 分别表示参数的估计值在 10%、5% 和 1% 的水平上显著。

由表4-7可知：第一，在以上8个回归模型中，除模型（4）以外 *gdp* 的一次项系数均显著为正、二次项系数均显著为负，因此可以认为废气的 *EKC* 具有倒 *U* 型特征。第二，在非空间的动态面板模型（2）中，*pol* 的一期滞后项系数显著为正，表明废气的排放也具有时间惯性特征。第三，在空间静态面板模型（3）~模型（5）中，废气的空间变量 *Wpol* 的系数显著为正，这与废水的情况不同，表明废气排放具有显著的空间溢出效应，可能的原因是废水的扩散受河流流域的限制，而大气流动的限制较低，因此废气更容易向周边地区扩散；进一步对比三种空间矩阵下空间变量的系数，可以发现距离权重矩阵下的空间变量系数最大，这表明地理距离的远近对废气空间溢出效果的影响最突出。第四，在同时考虑时空影响的动态空间面板模型（6）~模型（8）中，各模型的 *pol* 一期滞后项与空间变量系数均显著，可见废气排放同时具有的时间与空间依赖性，并且距离权重矩阵的空间变量系数最大，这与空间静态面板模型估计的结果一致。对模型（6）~模型（8）分别估计的 EKC 拐点取平均值，可以得到废气 EKC 拐点的人均地区生产总值为 6.43 万元/人。第五，从控制值变量的系数来看，经济外向度 *open* 的影响存在一些分歧，在模型（1）、模型（3）、模型（4）、模型（5）中显著为负，而在模型（2）、模型（6）、模型（7）、模型（8）中显著为正，可见，如果考虑了污染排放的历史积累，那么进出口贸易的提高会导致废气排放增加，这与废水的情况一致。产业结构 *indus* 与城镇化率 *urban* 对废气的影响则仍不确定。

3. 固废 EKC 的实证检验结果

固废 EKC 的回归结果如表4-8所示。相关检验显示，静态非空间面板模型（1）的 Hausman 检验 P 值为 0.363，采用随机效应（RE）模型；静态空间面板模型（3）~模型（5）中工具变量选取解释变量的滞后项，C-D Wald F 统计量均高于10%偏误下的临界值7.03，因此不存在弱工具变量问题，且工具变量数量与内生变量数量相同，因此模型是恰足识别；动态面板模型（2）、模型（6）、模型（7）、模型（8）中，AR(2)在1%的显著性水平上不能拒绝原假设，即差分方程中的扰动项不存在二阶自相关，且 Hansen 统计量的 P 值均大于 0.10，工具变量的设定都有效。

表 4-8　固废 EKC 的回归结果

项目	(1)	(2)	(3)	(4)	(5)	(6)	(7)	(8)
	RE	SGMM	2SLS			SGMM		
			W_1	W_2	W_3	W_1	W_2	W_3
gdp	2.883*** (4.54)	1.672*** (9.07)	8.743*** (2.97)	8.879*** (2.78)	11.999*** (2.68)	1.183** (2.19)	0.997** (2.56)	1.065** (2.44)
gdp^2	-0.328*** (-5.32)	-0.131*** (-7.67)	-1.362*** (-2.80)	-1.437** (-2.51)	-1.581** (-2.55)	-0.101* (-1.69)	-0.082* (-1.75)	-0.085* (-1.68)
pol(-1)		0.570*** (20.37)				0.786*** (15.66)	0.799*** (14.69)	0.803*** (14.57)
Wpol			-0.086 (-1.47)	-0.157 (-1.38)	-0.088** (-2.01)	0.001 (0.09)	0.013 (0.74)	0.001 (0.24)
indus	-0.036 (-1.36)	-0.061*** (-8.28)	0.195** (2.35)	0.236** (2.08)	0.214** (2.15)	0.011 (0.91)	0.012 (0.97)	0.011 (0.88)
urban	0.014 (0.25)	-0.020* (-1.83)	-0.065 (-1.17)	-0.039 (-0.61)	-0.193** (-2.11)	-0.103*** (-3.20)	-0.094*** (-3.44)	-0.098*** (-3.42)
open	-0.028*** (-2.69)	-0.005** (-2.47)	-0.052*** (-4.00)	-0.054*** (-3.75)	-0.065*** (-3.49)	0.009** (2.29)	0.010*** (2.64)	0.011*** (2.70)
constant	-0.121 (-0.08)	2.309*** (6.48)	-12.374** (-2.42)	-15.102** (-2.04)	-8.750* (-1.91)	3.074*** (5.37)	2.725*** (6.15)	2.832*** (6.04)
Hausman P	0.363							
R^2	0.202							
Pro > F			0.000	0.000	0.000			
Pro > chi^2	0.000	0.000				0.000	0.000	0.000
P-AR(1)		0.192				0.201	0.207	0.205
P-AR(2)		0.126				0.141	0.143	0.142
C-D Wald F			16.512	10.363	9.810			
10% max			7.03	7.03	7.03			

续表

项目	(1)	(2)	(3)	(4)	(5)	(6)	(7)	(8)
	RE	SGMM	2SLS			SGMM		
			W_1	W_2	W_3	W_1	W_2	W_3
15% max			4.58	4.58	4.58			
Hansen		0.113				0.229	0.263	0.279
观察量	406	406	406	406	406	406	406	406
EKC 形态	∩	∩	∩	∩	∩	∩	∩	∩
拐点	4.39	6.38	3.91	3.09	3.79	5.86	6.08	6.26

注：*、**、*** 分别表示参数的估计值在 10%、5% 和 1% 的水平上显著。

由表 4 -8 可知：第一，在以上 8 个回归模型中，*gdp* 的一次项系数均显著为正、二次项系数均显著为负，因此可以认为固废的 EKC 具有倒 U 型特征。第二，非空间动态面板模型（2）的估计结果与废水、废气一致，即固废排放也具有惯性特征。第三，空间静态面板模型（3）和模型（4）的空间变量 *Wpol* 的系数均不显著，只有模型（5）的空间变量系数显著为正，原因在于固废排放更具有区域特征，更不易外溢到周边地区，但经济发展水平相似的地区，固废的增长也可能较为相似。第四，在同时考虑时空影响的动态空间面板模型（6）~模型（8）中，各模型的 *pol* 一期滞后项显著为正，而空间变量 *Wpol* 的系数也均不显著，再次表明固废排放的时间惯性非常显著，但空间依赖性不明显。因此，固废 EKC 拐点的人均地区生产总值采用模型（2）的结果，即 6.38 万元/人。第五，由于固废 EKC 只采用模型（2）的结果，在该模型中 *indus*、*urban* 与 *open* 的系数均显著为负，表明工业化、城镇化以及对外贸易会降低固废排放，这与废气和废水的情况不一致。

4. 生活垃圾 EKC 的实证检验结果

生活垃圾 EKC 的回归结果如表 4 -9 所示。相关检验显示，静态非空间面板模型（1）的 Hausman 检验 P 值为 0.000，采用固定效应（FE）模型；静态空间面板模型（3）~模型（5）中工具变量选取解释变量的滞后项，C-D Wald F 统计量均高于 15% 偏误下的临界值 4.58，因此不存在弱工具变量问题，且工具变量数量与内生变量数量相同，因此模型是恰足识别；动态面板模型（2）、模型（6）、模型（7）、模型（8）中，AR(2) 在 1% 的显著性水平上不能拒绝原假设，即差分方程中的扰动项不存在二阶自相关，且 Hansen 统计量的 P 值均大于 0.10，可以认为工具变量的设定都有效。

表 4-9 生活垃圾 EKC 的回归结果

项目	(1)	(2)	(3)	(4)	(5)	(6)	(7)	(8)
	FE	SGMM	2SLS			SGMM		
			W_1	W_2	W_3	W_1	W_2	W_3
gdp	-0.050***	0.024***	-0.110***	-0.113***	-0.162***	0.026***	0.020**	0.013***
	(-6.54)	(2.81)	(-4.53)	(-4.85)	(-3.71)	(3.00)	(2.30)	(2.67)
gdp^2	0.007***	-0.002*	0.017***	0.018***	0.022***	-0.002*	-0.001	-0.001
	(8.33)	(-1.75)	(3.45)	(4.11)	(3.09)	(-1.75)	(-1.24)	(-1.53)
pol(-1)		1.078***				1.080***	1.073***	1.092***
		(26.49)				(29.06)	(25.58)	(26.55)
Wpol			-0.014	-0.000	0.066**	-0.015	0.000	0.013***
			(-1.20)	(-0.35)	(2.23)	(-1.32)	(0.55)	(2.67)
indus	-0.002***	0.0005**	-0.003**	-0.003**	-0.003**	0.0005**	0.004*	0.0002
	(-5.93)	(2.59)	(-2.41)	(-2.49)	(2.17)	(2.56)	(1.87)	(0.87)
urban	0.006***	-0.002***	0.005***	0.005***	0.007***	-0.002***	-0.002***	-0.002***
	(8.49)	(-3.21)	(6.56)	(6.72)	(9.48)	(-3.20)	(-2.61)	(-3.47)
open	0.0002	2×10^{-5}	5×10^{-5}	5×10^{-5}	0.0002	-9×10^{-6}	2×10^{-5}	0.0001**
	(1.30)	(0.44)	(0.35)	(0.32)	(1.24)	(-0.18)	(0.39)	(2.10)
constant	-0.014	0.016**	0.123	0.117*	-0.090**	0.026**	0.016**	-0.003
	(-0.70)	(2.32)	(1.49)	(1.66)	(-2.24)	(2.17)	(2.13)	(-0.32)
Hausman P	0.000		0.000	0.000	0.000			
R^2	0.330							
Pro > F	0.000		0.000	0.000	0.000			
Pro > chi^2		0.000				0.000	0.000	0.000
P-AR(1)		0.000				0.000	0.000	0.000
P-AR(2)		0.783				0.778	0.798	0.789

续表

项目	(1)	(2)	(3)	(4)	(5)	(6)	(7)	(8)
	FE	SGMM	2SLS			SGMM		
			W_1	W_2	W_3	W_1	W_2	W_3
C-D Wald F			6.738	10.363	5.849			
10% max			7.03	7.03	7.03			
15% max			4.58	4.58	4.58			
Hansen		0.179				0.165	0.137	0.254
观察值	406	406	406	406	406	406	406	406
EKC 形态	∪	∩	∪	∪	∪	∩	↗	↗
拐点	3.57	6.00	3.24	3.14	3.68	6.50	—	—

注：*、**、*** 分别表示参数的估计值在 10%、5% 和 1% 的水平上显著。

由表 4-9 可知：不同模型估计的生活垃圾 EKC 差异较大：第一，在模型（1）、模型（3）、模型（4）、模型（5）中，*gdp* 一次项显著为负，二次项显著为正，EKC 具有正 U 型特征，而在模型（2）、模型（6）、模型（7）、模型（8）中，*gdp* 一次项显著为正，二次项为负［模型（7）、模型（8）中不显著］，EKC 具有倒 U 型特征，这种差异性主要是由 *pol* 的一期滞后项和空间变量所导致的。第二，非空间动态面板模型（2）的估计结果与废水、废气、固废一致，*pol* 的一期滞后项系数显著为正，因此生活垃圾的排放也具有惯性特征。第三，在空间静态面板（3）~模型（5）中，只有模型（5）的空间变量系数显著为正，这表明生活垃圾同样具有显著的地域特征，不容易向境外扩散，但经济发展水平相似的地区，生活垃圾的增长也可能较为相似。第四，如果同时考虑时间和空间的影响，模型（6）、模型（7）中空间变量依然不显著，模型（8）中 *pol* 的一期滞后项与空间变量同时显著，但 *gdp* 的二次项不显著，换句话说，生活垃圾排放的时间惯性与空间溢出效果导致 EKC 的倒 U 型特征不再显著。由于大部分模型中空间变量不显著，因此采用模型（2）的估计结果，生活垃圾 EKC 具有时间惯性和倒 U 型特征，拐点的人均地区生产总值为 6.00 万元/人。第五，从模型（2）的控制变量系数来看，城镇化率的提高会降低生活垃圾的排放，而产业结构中工业占比的提高将增加生活垃圾的排放；进出口贸易对生活垃圾的影响不显著，原因在于导致生活垃圾的排放的日常消费品主要是本国生产，与国际贸易的关联度较低。

5. 环境污染综合指数 EKC 的实证检验结果

环境污染综合指数 EKC 的回归结果如表 4－10 所示。相关检验显示，静态非空间面板模型（1）的 Hausman 检验 P 值为 0.035，采用固定效应（FE）模型；静态空间面板模型（3）~模型（5）中工具变量选取解释变量的滞后项，C-D Wald F 统计量均高于 15% 偏误下的临界值 4.58，因此不存在弱工具变量问题，且工具变量数量与内生变量数量相同，因此模型是恰足识别；动态面板模型（2）、模型（6）、模型（7）、模型（8）中，AR(2) 在 1% 的显著性水平上不能拒绝原假设，且 Hansen 统计量的 P 值均大于 0.10，可以认为工具变量的设定都有效。

表 4－10　　　　环境污染综合指数 EKC 的回归结果

项目	(1)	(2)	(3)	(4)	(5)	(6)	(7)	(8)
	FE	SGMM	2SLS			SGMM		
			W_1	W_2	W_3	W_1	W_2	W_3
gdp	−0.005 (−0.30)	0.043*** (3.99)	0.051 (0.64)	0.042 (0.51)	0.028 (0.42)	0.010* (1.74)	0.037*** (2.76)	0.009 (1.16)
gdp^2	−0.0001 (−0.07)	−0.002* (−1.90)	−0.023 (−1.36)	−0.018 (−1.06)	−0.016 (−1.04)	0.001 (1.44)	−0.003*** (−2.77)	−0.0003 (−0.42)
pol(−1)		1.136*** (16.57)				0.911*** (36.84)	0.881*** (23.24)	0.888*** (37.01)
Wpol			0.044*** (2.96)	0.039 (1.03)	0.005 (0.18)	0.012*** (3.02)	0.075*** (3.30)	0.023*** (4.99)
indus	−0.003*** (−4.44)	-2×10^{-5} (−0.07)	0.005 (1.39)	0.003 (0.96)	0.003 (1.18)	−0.001*** (−3.86)	0.0003 (1.27)	0.0002 (0.92)

续表

项目	(1)	(2)	(3)	(4)	(5)	(6)	(7)	(8)
	FE	SGMM	2SLS			SGMM		
			W_1	W_2	W_3	W_1	W_2	W_3
urban	-0.0001 (-0.07)	-0.004 *** (-3.92)	0.010 *** (4.18)	0.008 *** (3.90)	0.009 *** (3.31)	-0.0003 (-0.79)	-0.002 ** (-2.09)	0.0003 (0.81)
open	-0.001 (-3.26)	0.001 *** (3.22)	-0.001 *** (-2.81)	-0.001 *** (-2.96)	-0.001 *** (-2.88)	9×10^{-6} (0.09)	-4×10^{-6} (-0.03)	-7×10^{-5} (-1.10)
constant	0.470 *** (10.13)	0.056 *** (2.83)	-0.438 * (-1.67)	-0.288 (-0.99)	-0.265 ** (-1.99)	0.061 *** (4.66)	-0.042 (-1.33)	-0.156 *** (-3.84)
Hausman P	0.035							
R^2	0.133							
Pro > F	0.000		0.000	0.000	0.000			
Pro > chi^2		0.000				0.000	0.000	0.000
P-AR(1)		0.000				0.000	0.000	0.000
P-AR(2)		0.293				0.427	0.316	0.380
C-D Wald F			7.525	5.675	6.449			
10% max			7.03	7.03	7.03			
15% max			4.58	4.58	4.58			
Hansen		0.108				0.144	0.252	0.258
观察值	406	406	406	406	406	406	406	406
EKC 形态	#	∩	#	#	#	↗	∩	#
拐点	—	10.75	—	—	—	—	6.17	—

注：#表示形态不显著。*、**、*** 分别表示参数的估计值在 10%、5% 和 1% 的水平上显著。

由表 4-10 可知：第一，当同时考虑多种污染物排放时，EKC 倒 U 型特征的显著性会降低，因此在以上 8 个回归模型中，除模型（1）、模型（6）之外，尽管 *gdp* 的一次项系数均为正、二次项系数均为负，但只有模型（2）、模型（7）估计的系数是同时显著的。第二，非空间动态面板模型（2）估计的 EKC 呈显著的倒 U 型特征，且 *pol* 的一期滞后项系数显著为正，这与上文的结果是一致的，即所有污染物的排放都具有惯性特征，因此综合指数也应具有惯性特征。第三，在空间静态面板模型（3）~模型（5）中，采用邻接权重矩阵的模型（3）的空间变量 *Wpol* 系数显著为正，其他模型空间变量的系数不显著，这也与上文的结果较为一致，因为在不考虑时间惯性的情况下，废水、废气仍具有显著的空间依赖性，但固废和生活垃圾则不具有空间依赖性，这也导致综合指数的空间依赖性不完全显著。同时也可以看到，模型（3）~模型（5）中 *gdp* 的一次、二次项系数均不显著，因此这组模型的估计结果并不理想。第四，在同时考虑时空影响的动态空间面板模型（6）~模型（8）中，各模型的 *pol* 一期滞后项与空间变量 *Wpol* 的系数均显著为正，这表明总体来看，污染排放的空间依赖性受到时间惯性的影响，这与废水的情况较为一致。但三个模型中，仅模型（7）中 *gdp* 的一次项系数显著为正，二次项系数显著为负，EKC 呈现显著的倒 U 型特征，而模型（8）估计的 EKC 尽管也具有倒 U 型特征，但不具备统计上的显著性。综合上述结果，环境污染综合指数的 EKC 采用模型（7）的估计结果，拐点人均地区生产总值为6.17 万元/人。第五，从模型（7）估计的各控制变量的系数来看，城镇化率 *urban* 的提高能显著降低综合污染水平，但产业结构 *indus* 和经济外向度 *open* 对综合污染水平的影响仍不明确。

表4-11 总结了上述四种污染物以及环境污染综合指数 EKC 的拐点人均地区生产总值，可以看到，按2004 年价格计算，四种污染物 EKC 的拐点人均地区生产总值平均值为6.28 万元/人，与环境污染综合指数 EKC 的拐点人均地区生产总值 6.17 万元非常接近，这也表明上述实证结果是稳健可靠的。对比各省份历年的人均地区生产总值，可以看到，大部分省份目前仍处于倒 U 型 EKC 的左侧，仅北京、天津和上海的人均地区生产总值超过了拐点值。这也表明对中国大部分地区而言，经济建设与环境保护之间仍存在此消彼长的冲突，因此理论上存在实现经济建设与环境保护协同发展、绿色经济增长率最高的适度环保投入率。当然，根据上文的论证，适度环保投入率可能为零。

表 4－11　不同污染物 EKC 拐点的人均地区生产总值（2004 年价格水平）

污染物	拐点人均地区生产总值（万元/人）	低于拐点人均地区生产总值的省份数量		
		2004 年	2010 年	2017 年
废水	6.31	29	29	27
废气	6.43	29	29	26
固废	6.38	29	29	26
生活垃圾	6.00	29	29	26
平均值	6.28	29	29	26
综合指数	6.17	29	29	26

4.3.3　稳健性检验

为确保实证结果的可靠性，本节将通过替换被解释变量进行稳健性检验。选取的指标为“人均能耗”，计算方法为“人均能耗＝能源消耗总量÷常住人口总量”，其中，能源消耗总量的数据取自历年的《中国能源统计年鉴》，并将全部能源统一转换为标准煤计算。可以这样理解，上文的研究是从生产副产品的角度刻画环境污染，即工业“三废”和生活垃圾；人均能耗则是从生产成本的角度刻画环境污染，人均能耗越高，生产所付出的环境成本越高，污染也越大。具体结果如表 4－12 所示。相关检验显示，静态非空间面板模型（1）的 Hausman 检验 P 值为 0.737，采用随机效应（RE）模型；静态空间面板模型（3）～模型（5）中工具变量选取解释变量的滞后项，C-D Wald F 统计量均高于 15% 偏误下的临界值 4.58，因此不存在弱工具变量问题，且工具变量数量与内生变量数量相同，因此模型是恰足识别；动态面板模型（2）、模型（6）、模型（7）、模型（8）中，AR(2) 在 1% 的显著性水平上不能拒绝原假设，即差分方程中的扰动项不存在二阶自相关，且 Hansen 统计量的 P 值均大于 0.10，可以认为工具变量的设定都有效。

表 4-12　　稳健性检验——能源消耗 EKC

项目	(1)	(2)	(3)	(4)	(5)	(6)	(7)	(8)
	RE	SGMM	2SLS			SGMM		
			W_1	W_2	W_3	W_1	W_2	W_3
gdp	1.668 *** (10.30)	0.976 *** (28.26)	2.864 *** (4.80)	2.734 *** (4.88)	4.478 *** (4.36)	0.502 *** (9.38)	0.309 *** (5.24)	0.344 *** (4.67)
gdp^2	-0.153 *** (-9.43)	-0.080 *** (-26.61)	-0.387 *** (-3.50)	-0.349 *** (-2.84)	-0.466 *** (-3.42)	-0.031 *** (-7.79)	-0.030 *** (-5.52)	-0.035 *** (-4.89)
pol(-1)		0.590 *** (47.33)				0.340 *** (26.93)	0.203 *** (14.90)	0.287 *** (18.18)
Wpol			-0.018 (-1.20)	-0.076 *** (-2.88)	-0.065 *** (-3.21)	0.061 *** (7.66)	0.157 *** (36.59)	0.020 *** (17.38)
indus	-0.006 (-0.96)	0.010 *** (5.39)	0.059 ** (2.51)	0.058 ** (2.18)	0.051 ** (2.30)	-0.004 *** (-2.70)	-4×10^{-5} (-0.04)	0.003 (1.46)
urban	-0.010 (-0.67)	-0.046 *** (-16.82)	-0.002 (-0.12)	-0.001 (-0.06)	-0.074 *** (-3.14)	0.006 (1.36)	0.016 *** (3.61)	0.010 ** (2.15)
open	-0.008 ** (-2.58)	0.005 *** (16.19)	-0.017 *** (-4.68)	-0.018 *** (-5.63)	-0.027 *** (-4.73)	0.008 *** (10.78)	0.006 *** (11.17)	0.007 *** (7.43)
constant	1.395 *** (3.20)	1.427 *** (12.53)	-2.832 * (-1.78)	-2.212 (-1.03)	-2.505 *** (3.13)	0.066 (0.59)	-0.700 *** (-7.55)	-0.555 *** (-7.04)
Hausman P	0.737							
R^2	0.674							
Pro > F			0.000	0.000	0.000			
Pro > chi^2	0.000	0.000				0.000	0.000	0.000
P-AR(1)		0.045				0.900	0.033	0.091
P-AR(2)		0.876				0.241	0.057	0.101
C-D Wald F			10.901	6.399	16.166			
10% max			7.03	7.03	7.03			
15% max			4.58	4.58	4.58			
Hansen		0.205				0.196	0.220	0.311
观察值	406	406	406	406	406	406	406	406
EKC 形态	∩	∩	∩	∩	∩	∩	∩	∩
拐点	5.45	6.10	3.70	3.92	4.80	8.10	5.15	4.90

注：*、**、*** 分别表示参数的估计值在 10%、5% 和 1% 的水平上显著。

由表4－12可以得到：第一，全部模型中 *gdp* 一次项均显著为正，二次项均显著为负，因此能源消耗 EKC 具有显著的倒 U 型特征。第二，在非空间动态面板模型（2）中，*pol* 的一期滞后项系数显著为正，因此以能源消耗衡量的环境污染具有惯性特征，这与上文的结果是一致的。第三，在静态空间面板模型（3）~模型（5）中，空间变量 *Wpol* 的系数为负，其中在模型（3）中不显著，这一结果表明同一时期以能源消耗衡量的环境污染具有空间负相关性。这可能是由于一定时期的能源储备总量是有限的，某个地区的能耗越高，意味着其他地区可用的能源将越少，造成的污染排放也将越低。第四，在同时考虑时空影响的动态空间面板模型（6）~模型（8）中，各模型的 *pol* 一期滞后项与空间变量 *Wpol* 的系数均显著为正，这表明总体来看，以能源消耗衡量污染排放的空间依赖性也受到了时间惯性的影响，不同地区之间污染排放的空间负相关性变成了正相关性，这与上文的研究结果也是一致的。最后，对模型（6）~模型（8）估计的 EKC 拐点取平均值可以得到能源消耗 EKC 拐点的人均地区生产总值为6.05万元/人，这与表4－11给出的各污染物、综合指数 EKC 的拐点人均 GDP 非常接近。因此可以认为上文的实证结果是稳健的。

4.4 本章小结

本章基于 EKC 假说对中国适度环保投入率的存在性进行了判别。研究结果表明，四种污染物以及环境污染综合指数的 EKC 均呈现倒 U 型特征，而实现经济与环境共同提高的人均地区生产总值以2004年价格计算在6.00万元/人以上，目前中国大部分省份的人均地区生产总值均远低于这一数值。由此可见，目前中国的经济发展水平仍处于 EKC 的左侧，环保投入并不能充分消除经济发展对环境造成的负面影响。这也意味着，在资源禀赋日趋紧张、经济增长率不断下滑的今天，中国正面临着经济建设与环境保护的双重压力，而工业化、城镇化以及对外开放对环境质量的不确定影响也加剧了这种压力。如果环保投入过低，环境污染可能会进一步加剧，影响经济的可持续发展，而如果环保投入过高，则会对已经放缓的经济增长带来新的冲击。因此在理论上存在适度的环保投入率，以实现经济建设与环境保护的平衡，推动绿色经济最高效的增长。那么在现阶段资源禀赋、技术水平的约束下，适度的环保投入率是多少？在政府和市场的环保投入能否相互协调达到“1 +1 >2”的效果？理论与现实存在怎样的差异？这些问题将通过下一章的研究进行回答。

第 5 章

中国适度环保投入率测算

第 4 章的研究表明，中国主要工业污染物（废水、废气、固废、城市垃圾）的 EKC 均呈现倒 U 型特征，然而倒 U 型拐点的人均地区生产总值较高，目前大部分省份人均地区生产总值离拐点值仍有较大距离。这不仅意味着未来中国经济仍须继续坚持绿色发展的道路，协调好经济建设与环境保护的两难冲突，而且意味着在经济增速放缓、资源禀赋约束增大的当下，需要推行环保投入适度化，在保持经济平稳增长的同时，提高环境质量、减少污染排放。据此，本章将在第 4 章研究的基础上，对中国当前适度的环保投入率进行测算。根据前文的研究，环保投入主要来源于两方面：一是政府的环保财政支出，政府通过直接投资于环保类基础设施建设，或者对企业提供环保补贴、税收减免等措施治理环境；二是市场的绿色金融，其中以绿色信贷的规模最大，主要用于对企业的环保类设备购置、技术升级提供贷款，或者限制对高污染高排放企业的贷款。因此，本章将进行以下两个方面的研究：一是对绿色 GDP 进行核算，作为测算适度环保投入率的基础；二是采用国内数据对政府与市场的适度环保投入率进行测算。通过比较理论与现实的差异，为第 6 章构建环保投入适度化策略奠定基础。

5.1 绿色 GDP 核算

本节将依据联合国统计司推出的环境经济核算体系 SEEA－2012，并借鉴金雨泽和黄贤金（2014）、祁毓等（2015）、何玉梅和吴莎莎（2017）、沈晓艳等（2017）、王普查和孙冰雪（2018）、孙付华等（2019）的研究方法，以2004年为基期的不变价格核算绿色人均地区生产总值（以下简称绿色 GDP），核算公式为：

$$\text{绿色 GDP} = \text{传统 GDP} - \text{自然资源耗减价值} - \text{环境污染损失价值} + \text{环境改善收益} \tag{5-1}$$

鉴于数据的可获得性，本节核算绿色 GDP 以及测算适度环保投入率的时间区间均为2004～2017年，且不含海南、西藏及港澳台地区。

5.1.1 自然资源耗减价值核算

基于中国的自然资源特征，本书选取水资源、能源和耕地三种资源进行耗减价值核算。

1. 水资源耗减价值

水资源耗减价值核算依据公式：水资源耗减价值＝单位水资源价格×水资源耗减总量。目前国际通用的单位水资源价格估算方法为：

$$P = F/Q \times \alpha \tag{5-2}$$

其中，P 代表单位水资源价格；F 代表用水行业的总产值，鉴于数据的可得性，本书采用地区生产总值替代；Q 代表用水总量；α 代表用水行业消费者的意愿支付系数，参照黄家宝（2004）的研究，可按照如下公式推算：

$$\alpha = \begin{cases} 3\%, & R \in [0,500] \\ 3\% - (R-500)/1250\%, & R \in (500,3000) \\ 1\%, & R \in [3000, +\infty) \end{cases} \quad (5-3)$$

其中，R 代表该地区不区分行业的人均用水量，数据取自历年的《中国统计年鉴》。

2. 能源耗减价值

能源耗减价值核算依据公式：能源耗减价值 = 单位能源价格 × 能源消费总量。单位能源价格借鉴沈晓艳等（2017）的研究取2004年的标准煤平均价格1133元/吨，能源消费总量数据取自历年的《中国能源统计年鉴》。

3. 耕地变化价值

耕地变化价值核算依据公式：耕地变化价值 = 单位耕地价格 × 耕地变化面积。单位耕地价格采用收益倍数法进行估计。根据《中华人民共和国土地管理法》第四十七条规定，“征用耕地的土地补偿费，为该耕地被征用前三年平均产值的六至十倍”，故本书首先用各地区前三年平均的农业总产值作为该地区的耕地产值，再乘以最大值10倍得到耕地总价值，最后用耕地总价值除以当年耕地面积存量得到耕地价格。耕地面积数据取自历年的《中国统计年鉴》《中国国土资源统计年鉴》。通过上述方法核算得到的各省份部分年份三类自然资源的耗减价值（见表5-1）。

表5-1 部分年份各省份三类自然资源耗减价值 单位：元/人

省份	水资源耗减			能源耗减			耕地变化		
	2004年	2010年	2017年	2004年	2010年	2017年	2004年	2010年	2017年
北京	1217.7	1656.3	2418.7	3900.6	4015.9	3722.6	86.1	-193.1	-478.2
天津	911.4	1637.0	2233.0	4090.5	5945.4	5829.5	-6.1	-69.9	0.0
河北	373.5	642.9	847.8	2626.1	4336.2	4578.1	69.5	-24.1	106.9
山西	321.3	589.4	786.2	3822.3	5328.2	5153.0	-18.9	119.1	255.8

续表

省份	水资源耗减			能源耗减			耕地变化		
	2004 年	2010 年	2017 年	2004 年	2010 年	2017 年	2004 年	2010 年	2017 年
内蒙古	360.3	994.5	1115.1	3609.7	7708.6	8922.0	146.6	633.4	493.5
辽宁	474.7	949.9	1004.3	3512.6	5424.7	5251.6	23.0	318.3	637.0
吉林	345.7	708.6	1030.9	2343.4	3422.6	3342.3	186.3	551.0	899.0
黑龙江	355.5	550.8	696.3	2216.1	3320.4	3748.6	404.8	3052.7	852.4
上海	1324.2	1678.9	2374.5	4572.8	5511.3	5556.8	-93.5	-32.7	21.3
江苏	572.1	1120.4	1877.5	2056.1	3710.9	4435.2	-2.8	31.3	563.2
浙江	740.4	1159.7	1715.2	2490.2	3508.3	4211.9	8.7	41.4	-18.7
安徽	221.0	468.4	809.6	1094.6	1846.3	2370.2	26.2	178.2	337.0
福建	488.9	885.6	1542.3	1484.8	3009.4	3734.2	7.9	137.9	238.7
江西	242.1	471.7	803.0	1008.7	1613.6	2205.0	-65.5	83.7	25.2
山东	490.9	921.9	1360.6	2422.0	4113.3	4380.3	8.7	312.5	172.6
河南	264.1	548.2	873.6	1524.4	2582.5	2719.5	42.0	232.5	179.5
湖北	280.9	625.3	1126.7	1813.4	2994.3	3292.3	71.1	272.6	146.6
湖南	252.7	554.2	926.3	1206.8	2566.0	2670.8	12.9	134.7	119.5
广东	670.6	1003.3	1505.4	1891.5	2919.9	3280.7	-9.0	8.7	27.7
广西	205.4	436.8	694.4	974.0	1946.3	2425.6	-1.9	12.1	439.4
重庆	258.8	618.9	1184.0	1456.1	3085.6	3516.9	-211.9	280.0	124.4
四川	219.4	475.0	834.9	1498.5	2519.8	2848.7	0.2	204.2	590.2
贵州	128.9	294.2	708.9	1823.1	2662.3	3565.8	39.7	1185.4	801.0
云南	209.4	353.3	639.3	1337.0	2135.7	2614.8	32.9	239.6	584.1
陕西	257.1	608.5	1070.3	1469.9	2694.3	3703.9	72.2	-123.7	312.3
甘肃	193.4	361.4	532.5	1742.2	2621.4	3301.1	38.5	211.9	307.0
青海	255.3	533.7	822.7	2867.2	5163.6	7961.3	-16.8	0.0	337.1
宁夏	218.6	497.9	826.7	4474.2	6589.0	11341.6	-68.7	460.7	-212.0
新疆	154.7	267.4	438.1	2833.9	4298.7	8058.9	156.6	446.6	-340.5
全国平均	414.1	745.3	1131.0	2350.5	3710.2	4439.4	32.4	300.2	259.4

注：“耕地变化”列中，负数代表耕地面积减少导致的价值耗减，正数代表耕地面积增加导致的价值增加。

资料来源：历年的《中国统计年鉴》《中国能源统计年鉴》《中国国土资源统计年鉴》。

5.1.2 环境污染损失价值核算

本书对环境污染损失价值的核算选取与第 4 章相同的四类污染物：废水、废气、固体废弃物和生活垃圾，核算公式为：环境污染损失价值 = 单位污染物环境退化成本 × 污染物排放总量。单位污染物环境退化成本由该污染物导致的环境退化总成本除以污染物排放总量得到，数据参照 2004 年国家环保总局与国家统计局联合发布的《中国绿色国民经济核算研究报告 2004》，具体见表 5 – 2。各地区污染物排放总量数据取自历年的《中国环境统计年鉴》，部分年份四类污染物导致的环境污染价值损失核算结果见表 5 – 3。

表 5 – 2　　单位污染物环境退化成本（2004 年价格）

污染物	废水	废气	固废	生活垃圾
环境退化总成本（亿元）	2862.8	2198.0	1.26	5.21
污染物排放总量（万吨）	607.2	6096.6	1761.0	6667.5
单位污染物环境退化成本（元/吨）	4.71	3605.29	7.16	7.81

资料来源：《中国绿色国民经济核算研究报告 2004》。

表 5 – 3　　部分年份各省份四类环境污染损失价值　　单位：元/人

省份	废水损失		废气损失		固废损失		垃圾损失	
	2004 年	2017 年	2004 年	2017 年	2004 年	2017 年	2004 年	2017 年
北京	309.4	289.0	71.8	30.8	6.2	2.1	2.6	3.3
天津	223.9	274.6	116.7	61.0	5.3	6.9	1.4	1.5
河北	143.0	158.9	152.5	118.2	17.6	31.2	0.8	0.7
山西	132.4	171.8	344.1	149.0	21.8	66.1	1.4	1.0
内蒙古	103.5	194.2	331.8	226.7	14.1	79.1	1.1	1.1
辽宁	218.1	256.5	150.2	128.3	15.1	45.0	1.4	1.5
吉林	151.1	210.6	97.5	82.0	5.4	13.6	1.6	1.4
黑龙江	141.1	171.7	96.2	105.3	5.9	13.4	2.2	1.1

续表

省份	废水损失		废气损失		固废损失		垃圾损失	
	2004 年	2017 年	2004 年	2017 年	2004 年	2017 年	2004 年	2017 年
上海	496.2	412.9	119.8	38.7	7.1	4.8	2.6	2.4
江苏	291.8	337.4	96.4	76.8	4.4	10.7	0.8	1.7
浙江	269.0	377.9	100.1	49.5	3.4	5.7	1.1	2.0
安徽	112.2	176.1	69.9	58.1	4.3	13.7	0.6	0.8
福建	257.5	287.0	62.5	53.7	6.8	10.0	0.6	1.6
江西	132.0	193.0	92.0	66.4	10.9	19.1	0.5	0.8
山东	135.5	235.3	109.9	88.3	6.2	17.1	1.1	1.2
河南	121.5	201.6	101.9	44.3	3.8	11.7	0.5	0.8
湖北	192.3	217.6	85.0	48.0	4.1	9.8	1.2	1.2
湖南	175.8	206.4	114.8	41.4	3.5	4.5	0.6	0.9
广东	280.1	372.0	71.4	44.2	2.1	4.1	1.3	1.8
广西	210.8	191.0	147.9	54.1	4.8	9.5	0.4	0.7
重庆	228.5	307.4	157.5	63.5	3.8	4.5	0.7	1.3
四川	140.7	205.6	114.6	46.6	5.2	11.9	0.6	0.9
贵州	67.2	155.3	174.4	125.4	8.4	18.7	0.4	0.7
云南	83.5	181.6	64.2	66.0	6.6	20.5	0.7	0.8
陕西	97.0	216.1	151.7	80.6	7.4	18.8	0.9	0.8
甘肃	83.7	115.7	112.9	89.1	6.0	14.5	0.8	1.0
青海	124.8	213.6	155.4	177.6	6.7	155.6	1.8	1.4
宁夏	190.4	212.3	292.2	294.8	7.9	51.2	1.4	1.2
新疆	144.1	195.1	167.2	193.1	4.1	27.0	0.4	0.7
全国平均	181.3	232.3	135.3	93.2	7.2	24.2	1.1	1.3

资料来源：历年《中国统计年鉴》《中国环境统计年鉴》。

5.1.3　环境改善收益核算

环境改善带来的收益涵盖范围较广，例如“三废”产品的综合利用价值、园林设施的生态收益等。鉴于数据的可获得性，本书主要核算两类环境改善收益。一类是绿地对二氧化碳的吸收产生的经济价值，核算公式为：经济价值 = 绿地面积存量 × 单位绿地吸收二氧化碳总量 × 单位二氧化碳价格。本书采用欧洲气候交易所公布的碳排放权年平均交易价格替代单位二氧化碳价格，并借鉴金雨泽和黄贤金（2014）的研究，每公顷绿地每年约能吸收二氧化碳 328. 5 吨。绿地面积存量数据取自历年的《中国环境统计年鉴》。

另一类是环境改善对劳动者平均寿命的延长，这意味着劳动时间将增加，从而创造更多的社会财富，核算公式为：社会财富 = 环境改善程度 × 环境对寿命的影响系数 × 劳动者报酬。参照祁毓等（2015）的研究结论，本书采用第 4 章构建的环境污染综合指数 PI 的变化代表环境改善程度；环境对劳动者寿命的影响系数约为 -0. 23，即环境污染综合指数增加 1 单位，劳动者寿命约减少 0. 23 年。劳动者报酬数据取自历年的《中国统计年鉴》。通过上述方法核算得到的各省份部分年份环境改善收益见表 5 -4。

表 5 -4　　部分年份各省份环境改善收益　　单位：元/人

省份	固碳收益				寿命变化收益			
	2004 年	2008 年	2012 年	2017 年	2004 年	2008 年	2012 年	2017 年
北京	241. 6	157. 5	41. 9	34. 9	-22. 5	23. 8	141. 2	89. 6
天津	101. 8	84. 8	20. 9	25. 8	29. 4	7. 3	-52. 5	-129. 2
河北	44. 8	48. 3	13. 4	10. 7	-145. 8	-32. 6	9. 6	148. 1
山西	33. 7	44. 0	13. 1	15. 7	-64. 7	-2. 7	7. 0	95. 8
内蒙古	58. 1	63. 2	24. 8	24. 1	-137. 5	-27. 8	-172. 1	-1. 9
辽宁	124. 6	108. 5	35. 7	25. 6	-45. 7	-2. 6	-26. 2	-48. 9
吉林	68. 8	69. 8	18. 7	16. 1	-31. 9	-15. 6	90. 2	-68. 9
黑龙江	94. 1	91. 3	25. 5	16. 7	-7. 7	0. 2	-2. 6	45. 3
上海	105. 9	95. 0	69. 1	51. 2	27. 6	83. 2	47. 9	-179. 6
江苏	167. 9	149. 5	41. 3	32. 3	-36. 4	-8. 3	19. 2	-18. 3
浙江	71. 3	79. 3	29. 7	25. 6	-38. 5	-29. 6	43. 0	-145. 8
安徽	44. 7	57. 2	17. 6	14. 9	-17. 8	-34. 9	-4. 6	-6. 1
福建	50. 8	62. 8	19. 3	16. 2	-60. 5	-65. 9	112. 5	-99. 0

续表

省份	固碳收益				寿命变化收益			
	2004年	2008年	2012年	2017年	2004年	2008年	2012年	2017年
江西	39.9	43.8	13.8	12.5	-35.6	-12.1	9.7	65.4
山东	73.9	85.3	24.1	21.4	9.9	-30.6	-8.8	64.5
河南	27.0	37.8	10.8	9.6	-31.2	6.9	-4.2	36.3
湖北	71.0	54.2	15.8	13.3	-26.5	-12.8	31.1	16.8
湖南	39.5	38.9	10.3	9.0	-39.8	-7.6	-0.5	26.0
广东	219.9	226.2	50.2	37.1	-7.9	-10.4	-50.2	-14.3
广西	42.8	68.4	18.9	16.5	-33.5	3.4	2.5	38.0
重庆	37.5	59.5	21.2	18.2	-3.4	-10.0	17.7	8.6
四川	60.1	42.3	13.6	11.8	-7.5	-6.9	0.7	8.2
贵州	50.5	45.4	12.5	12.0	9.5	10.4	14.7	7.7
云南	19.4	24.0	10.0	8.5	-31.1	-24.9	-104.8	52.3
陕西	27.6	35.5	10.9	16.4	-34.7	-52.2	-32.9	-34.8
甘肃	30.1	32.7	9.5	9.3	-27.4	-33.0	-10.5	-26.9
青海	29.1	33.5	9.3	9.8	-359.6	225.2	254.0	-503.9
宁夏	82.2	139.8	40.6	35.2	-47.8	-38.1	-50.5	-689.8
新疆	83.3	95.4	29.4	25.6	-26.9	-30.5	14.6	140.3
全国平均	73.9	75.0	23.2	19.9	-43.0	-4.4	10.2	-38.8

注："寿命变化收益"列中，负数代表污染增加导致寿命减少造成的损失，正数代表污染减少导致寿命增加造成的收益。

资料来源：历年的《中国统计年鉴》《中国环境统计年鉴》；Wind。

5.1.4 绿色GDP核算结果及分析

根据以上数据，可以得到以2004年价格水平核算的中国2004~2017年各省份及全国绿色GDP，以及绿色GDP占传统GDP的比重，部分年份结果见表5-5。结果显示，从全国层面来看，2004~2017年期间，每年的绿色GDP占传统GDP的比重基本为80%~85%，这意味着环境资源造成的损失占传统GDP的15%~20%，损失是巨大的，但近年来情况有所好转。从各省份层面来看，绿色经济的发展水平也存在较大差别，总体而言东南沿海经济发达地区的绿色 GDP 占比较高，平均在 80% 以上，而西北部地区的绿色 GDP 占比较低，其中宁夏 2017 年绿色 GDP 仅占比 56.91%，这意味着该地区的经济发展成果是以大量的环境资源为代价获得的。

表 5－5　　　　绿色 GDP 核算结果

省份	绿色人均 GDP（元/人）				占比（%）			
	2004 年	2008 年	2012 年	2017 年	2004 年	2008 年	2012 年	2017 年
北京	35388	47268	53174	73802	87.18	91.93	89.93	91.54
天津	25156	39905	54000	65922	82.80	85.33	85.74	88.57
河北	9106	13461	18886	22792	73.13	73.45	76.37	80.65
山西	6016	11011	15397	20247	56.17	64.21	67.74	77.26
内蒙古	8403	20437	32525	29742	65.87	73.51	75.32	74.80
辽宁	11552	19570	31925	27402	73.01	77.34	83.38	81.86
吉林	8803	15118	24924	30530	76.38	80.62	84.93	88.84
黑龙江	10120	14927	22448	22400	81.31	86.12	93.00	85.42
上海	39860	46625	50118	70654	86.01	87.37	86.85	89.26
江苏	17292	27425	40981	60657	85.67	85.96	88.71	90.78
浙江	21117	28429	37545	50673	85.56	86.11	87.65	88.63
安徽	5917	9666	16654	23904	80.32	83.91	85.57	88.58
福建	14112	20104	30882	45937	85.97	84.74	86.59	89.35
江西	6521	10704	17036	23859	80.82	84.44	87.51	88.23
山东	13291	21667	29394	39528	81.22	82.51	84.00	87.16
河南	6824	12484	17755	25493	77.52	81.63	83.39	87.55
湖北	7102	14351	22521	33038	75.85	90.64	86.38	87.97
湖南	6682	11657	18362	27181	79.32	80.57	81.14	88.03
广东	20003	29729	31898	45022	88.05	99.07	87.24	89.72
广西	5487	9414	15978	20809	78.13	80.59	84.57	87.84
重庆	6342	13387	21877	34540	73.53	81.94	83.17	87.52
四川	5386	9717	16772	24491	73.66	78.65	83.81	88.00
贵州	2195	6633	9556	19877	51.07	84.41	71.73	84.11

续表

省份	绿色人均 GDP（元/人）				占比（%）			
	2004 年	2008 年	2012 年	2017 年	2004 年	2008 年	2012 年	2017 年
云南	5301	7851	12064	18433	75.94	78.34	80.42	86.50
陕西	6652	12840	21730	30880	77.61	81.74	83.36	86.56
甘肃	4349	9393	11123	13984	67.46	94.84	74.88	78.79
青海	4890	11716	14442	17935	56.55	79.77	64.39	65.40
宁夏	3916	9705	15738	17952	42.87	62.08	63.98	56.91
新疆	8161	12392	17685	18719	72.52	78.51	77.42	67.32
全国平均	11239	17848	24945	32979	78.79	83.36	82.98	85.31

进一步讨论自然资源耗减、环境污染损失以及环境收益改善与传统GDP的比值，结果见表5－6。不难发现，自然资源耗减造成的价值损失最大，占传统GDP的14%～20%，近年来保持在14%附近，而其中能源损耗占比最高，2010年以前在15%以上，2010年以后逐渐下降至12%左右，这也凸显提高能源利用效率、开发新能源技术的重要性。环境污染损失中废水和废气的占比较高，但近年来整体呈下降趋势，表明环境污染治理取得了一定成效。环境改善收益占比相对较低且呈下降趋势，一方面是因为近年来碳排放权市场价格下跌，降低了绿地的固碳收益；另一方面是因为西部地区污染程度仍较高，对人均寿命产生了一定的负面影响，减少了这部分收益。

表5－6　　绿色GDP各组成部分占传统GDP比重　　单位：%

年份	自然资源耗减占比				环境污染损失占比					环境改善收益占比		
	水	能源	耕地	合计	废水	废气	固废	垃圾	合计	固碳	寿命	合计
2004	2.9	16.5	0.2	19.2	1.3	0.9	0.1	0.0	2.3	0.5	－0.3	0.2
2005	2.9	16.7	0.6	19.0	1.2	0.9	0.1	0.0	2.2	0.5	－0.1	0.4
2006	2.9	16.7	1.0	18.6	1.2	0.8	0.1	0.0	2.0	0.3	0.2	0.5
2007	2.9	16.6	0.9	18.6	1.1	0.7	0.1	0.0	1.9	0.0	0.1	0.2

续表

年份	自然资源耗减占比				环境污染损失占比					环境改善收益占比		
	水	能源	耕地	合计	废水	废气	固废	垃圾	合计	固碳	寿命	合计
2008	2.9	15.4	2.9	15.4	1.0	0.6	0.1	0.0	1.6	0.4	0.0	0.3
2009	2.9	14.9	0.8	17.0	0.9	0.5	0.0	0.0	1.4	0.2	-0.2	0.0
2010	2.9	14.5	1.2	16.2	0.9	0.4	0.1	0.0	1.4	0.2	0.4	0.6
2011	2.9	14.4	1.4	15.9	0.8	0.7	0.1	0.0	1.6	0.2	0.2	0.4
2012	2.9	14.1	1.4	15.6	0.8	0.6	0.1	0.0	1.5	0.1	0.0	0.1
2013	2.9	12.9	-1.1	16.9	0.7	0.6	0.1	0.0	1.4	0.0	0.0	0.0
2014	2.9	12.4	1.1	14.2	0.7	0.6	0.1	0.0	1.3	0.1	-0.1	-0.1
2015	2.9	12.6	1.6	13.9	0.7	0.5	0.1	0.0	1.3	0.1	0.1	0.2
2016	2.9	11.6	1.2	13.3	0.6	0.3	0.1	0.0	1.0	0.0	0.0	0.0
2017	2.9	11.5	0.7	13.7	0.6	0.2	0.1	0.0	0.9	0.1	-0.1	0.0

注：表中负数表示价值耗减，正数表示价值增加。

通过上文对绿色 GDP 的核算与分析可知，目前中国仍面临经济建设与环境保护的双重压力，因此有必要对适度环保投入率进行测算，以实现经济建设与环境保护的协同发展，使绿色经济更高效地增长。

5.2 测算适度环保投入率的计量模型构建

5.2.1 模型设定

本节将对适度环保投入率进行测算，构建的计量模型具有如下形式：

$$
\begin{aligned}
\ln ggdp_{it} = {} & \alpha_0 \ln ggdp_{it-1} + \rho_0 W \ln ggdp_{it} + \rho_1 W \ln ggdp_{it-1} + \alpha_1 gov_{it} \\
& + \alpha_2 gov_{it}^2 + \alpha_3 credit_{it} + \alpha_4 gov_{it} \times credit_{it} \\
& + \alpha_5\, gov_{it}^2 \times credit_{it} + \sum_{g=6}^{G} \alpha_g \prod_{git} + \varepsilon_{it}
\end{aligned}
\tag{5-4}
$$

$$\begin{aligned}\ln ggdp_{it} &= \beta_0 \ln ggdp_{it-1} + \sigma_0 W \ln ggdp_{it} + \sigma_1 W \ln ggdp_{it-1} + \beta_1 credit_{it} \\ &+ \beta_2 credit_{it}^2 + \beta_3 gov_{it} + \beta_4 credit_{it} \times gov_{it} \\ &+ \beta_5 credit_{it}^2 \times gov_{it} + \sum_{g=6}^{G} \beta_g \prod_{git} + \varepsilon_{it}\end{aligned} \quad (5-5)$$

其中，$\ln ggdp$ 为模型的被解释变量绿色经济的增长率，*gov* 代表政府环保投入率，*credit* 代表市场环保投入率；*credit* 与 *gov*、gov^2的交乘项代表市场环保投入率对政府环保投入率的影响，*gov* 与 *credit*、$credit^2$的交乘项代表政府环保投入率对市场环保投入率的影响。$\prod$代表一系列其他影响经济增长的控制变量，i 为省份代码，t 为观察年度代码，基于数据的可得性以及本书各章节研究数据的一致性，选取的时间区间为 2004 ~ 2017 年，j 为控制变量代码，ε 为误差项。

与第 4 章相同，W 代表空间矩阵，通过其系数 ρ、σ 的显著性与正负性来判断绿色经济增长率是否具有空间依赖性，并采用邻接权重、距离权重与经济权重三种方式构建空间矩阵，分别记为 W_1、W_2、W_3。

在上述假设下，下文将讨论四种类型模型的回归结果：（1）$\alpha_0 = \rho_0 = \rho_1 = \beta_0 = \sigma_0 = \sigma_1 = 0$，即静态非空间面板，采用通过 Hausman 检验的固定效应或随机效应模型估计；（2）$\alpha_0 \neq 0$，$\beta_0 \neq 0$，$\rho_0 = \rho_1 = \sigma_0 = \sigma_1 = 0$，即动态非空间面板，采用系统广义矩（SGMM）估计，并通过 Arellano-Bond 二阶序列统计量检验 ε 的自相关性，以及 Hansen 统计量检验是否存在弱工具变量问题；（3）$\alpha_0 = \rho_1 = \beta_0 = \sigma_1 = 0$，$\rho_0 \neq 0$，$\sigma_0 \neq 0$，即静态空间面板，采用广义空间两阶段最小二乘法（2SLS）估计，并通过 Cragg-Donald 统计量检验是否存在弱工具变量问题，以及 Sargan 统计量检验工具变量的外生性；（4）$\alpha_0 \neq 0$，$\rho_0 \neq 0$，$\rho_1 \neq 0$，$\beta_0 \neq 0$，$\sigma_0 \neq 0$，$\sigma_1 \neq 0$，即动态空间面板，采用系统广义矩估计。

政府与市场的适度环保投入率按如下方法确定：当α_1显著为正、α_2显著为负时，表明政府环保投入对绿色经济增长率具有倒 U 型影响，当β_1显著为正、β_2显著为负时，表明市场环保投入对绿色经济增长率具有倒 U 型影响。如果α_4、α_5、β_4、β_5显著不为零，则表明政府与市场的环保投入存在相互调节作用，此时政府与市场的适度环保投入率分别由以下二元二次方程组计算得到：

$$\begin{cases} gov^{*} = -\dfrac{\alpha_1 + credit^{*} \times \alpha_4}{2(\alpha_2 + credit^{*} \times \alpha_5)} \\ credit^{*} = -\dfrac{\beta_1 + gov^{*} \times \beta_4}{2(\beta_2 + gov^{*} \times \beta_5)} \end{cases} \tag{5-6}$$

$$\text{s. t.} \begin{cases} \alpha_1 + credit^{*} \times \alpha_4 > 0 \\ \alpha_2 + credit^{*} \times \alpha_5 < 0 \\ \beta_1 + gov^{*} \times \beta_4 > 0 \\ \beta_2 + gov^{*} \times \beta_5 < 0 \end{cases}$$

如果通过式（5－6）无法同时得到 *gov* 和 *credit* 的正实数解①，就表明尽管政府和市场的环保投入存在相互的调节作用，但由于其他外生因素的影响导致无法同时存在非零的政府适度环保投入率与市场适度环保投入率。同样地，与第 4 章类似，本章也将采用全局 Moran' I 指数对被解释变量的空间自相关性进行度量。

5.2.2 变量测度

1. 被解释变量：绿色经济增长率（ln*ggdp*）

根据本书的界定，经济建设与环境保护的协同发展意味着绿色经济增长率最高，因此对上文核算的绿色 GDP 取自然对数，作为模型的被解释变量——绿色经济增长率。

2. 解释变量

（1）政府环保投入率（*gov*）。模型借鉴刘海英和丁莹（2019）的做法，

① 由于回归估计的系数可能存在一定偏差，因此如果求解出虚数根，则计算虚数根的模作为近似估计。

用政府一般公共预算中的节能环保支出代表政府的环保投入，因此政府环保投入率 *gov* 的计算公式为：*gov* = 节能环保支出 ÷ 一般公共预算支出。

（2）市场环保投入率（*credit*）。由于目前中国的绿色金融以绿色信贷为主，绿色证券的融资规模相对较小，因此模型借鉴徐胜等（2018）、何凌云等（2019）、钱水土等（2019）的做法，用绿色信贷代表市场的环保投入，市场环保投入率的计算公式为：*credit* = 绿色信贷规模 ÷ 金融机构贷款余额 ×δ。其中，绿色信贷规模采用《中国银行业社会责任报告》中的“节能环保项目及服务贷款余额”。由于该数据只有全国数据而没有省际数据，故上述研究在使用这一数据时未根据各省份的不同情况进行区别。为使绿色信贷规模更贴合各省份实际情况，本章构建了调整系数 δ 来刻画不同省份绿色信贷率的差异性。具体做法为：

首先选取部分指标构建“金融环境指数”用于衡量不同省份的金融环境，指数由“宏观经济发展情况”与“金融业发展情况”两部分构成，其中“宏观经济环境”选取了“人均地区生产总值”“第三产业增加值占地区生产总值比重”两个指标，“金融业发展情况”选取了“金融业增加值占第三产业增加值比重”“金融机构数量”“金融机构人均存贷款余额”三个指标，如表 5 - 7 所示。再通过熵权法加权计算各省份的金融环境指数，部分结果如表 5 - 8 所示。最后计算调整系数 δ，公式为：δ = 省份金融环境指数 ÷ 全国平均金融环境指数。

表 5 - 7　　　　金融环境评价指标

一级指标	二级指标	核算方法
宏观经济环境	经济发展水平	人均地区生产总值
	第三产业发展水平	第三产业增加值 ÷ 地区生产总值
金融业环境	金融业发展水平	金融业增加值 ÷ 第三产业增加值
	金融服务可得性	金融机构总部数量
	金融业市场规模	金融机构人均人民币存贷款余额

表 5 - 8 部分年份各省份金融环境指数

省份	2004 年	2008 年	2012 年	2017 年
北京	0. 73	0. 79	0. 83	0. 78
天津	0. 41	0. 43	0. 43	0. 48
河北	0. 24	0. 20	0. 21	0. 19
山西	0. 17	0. 18	0. 22	0. 24
内蒙古	0. 13	0. 18	0. 21	0. 23
辽宁	0. 33	0. 24	0. 27	0. 29
吉林	0. 15	0. 15	0. 14	0. 14
黑龙江	0. 18	0. 13	0. 16	0. 20
上海	0. 85	0. 82	0. 79	0. 78
江苏	0. 43	0. 43	0. 44	0. 46
浙江	0. 44	0. 48	0. 50	0. 42
安徽	0. 21	0. 13	0. 14	0. 17
福建	0. 35	0. 28	0. 27	0. 28
江西	0. 17	0. 08	0. 12	0. 14
山东	0. 36	0. 32	0. 32	0. 32
河南	0. 19	0. 15	0. 19	0. 18
湖北	0. 30	0. 21	0. 20	0. 26
湖南	0. 24	0. 15	0. 17	0. 19
广东	0. 42	0. 47	0. 44	0. 46
广西	0. 16	0. 12	0. 16	0. 16
重庆	0. 26	0. 21	0. 29	0. 30
四川	0. 26	0. 22	0. 26	0. 29
贵州	0. 14	0. 14	0. 17	0. 14
云南	0. 18	0. 17	0. 16	0. 18
陕西	0. 20	0. 18	0. 19	0. 18
甘肃	0. 10	0. 10	0. 12	0. 18
青海	0. 21	0. 14	0. 17	0. 24
宁夏	0. 12	0. 21	0. 21	0. 20
新疆	0. 21	0. 19	0. 20	0. 16
全国平均	0. 28	0. 26	0. 28	0. 28

3. 控制变量

模型选取的控制变量包括：

（1）人均物质资本存量（*invest*），采用张军等（2004）的方法，通过永续盘存法进行估算，每年新增的物质资本采用各省份固定资产形成总额，折旧率为9.6%；基年数据采用张军等（2004）估算的2000年物质资本存量，并以2004年为基年的“固定资产投资价格指数”进行价格平减。

（2）人均人力资本存量（*edu*），参照胡鞍钢和李春波（2001）的方法，采用各省份平均受教育年限来衡量。

（3）产业结构（*indus*），采用各省份第二产业增加值占其地区生产总值的比重来衡量；讨论产业结构特别是工业占比的高低对绿色GDP增长率的影响，通常工业占比较高的地区能源消耗、污染排放可能更高，但能源使用效率、污染治理能力也可能更高。

（4）经济外向度（*open*），采用各省份进出口总额占其地区生产总值的比重来衡量；对外贸易可能导致承接发达国家的高污染产业，也可能导致减少高污染产品的生产。

由于模型的研究核心在于政府与市场环保投入之间的相互影响，因此仅考虑核心解释变量之间的交乘项，不考虑与其他控制变量的交乘项。所有变量名称及对应的核算方法如表5－9所示。

表5－9　　变量解释

变量类型	变量名称（符号）	核算方法
被解释变量	绿色经济增长率（ln*ggdp*）	ln[绿色GDP]
解释变量	政府环保投入率（*gov*）	节能环保支出÷一般公共预算支出
	市场环保投入率（*credit*）	绿色信贷规模÷金融机构贷款余额×δ
控制变量	人均物质资本存量（*invest*）	永续盘存法估算的人均固定资产形成总额
	人均人力资本存量（*edu*）	平均受教育年限
	产业结构（*indus*）	第二产业增加值÷地区生产总值
	经济外向度（*open*）	进出口总额÷地区生产总值

5.2.3 数据说明

除特殊说明，本书数据来源于历年的《中国统计年鉴》《中国能源统计年鉴》《中国环境统计年鉴》等，所有变量的描述性统计如表 5 - 10 所示。

表 5 - 10　　变量描述性统计

变量	*ggdp*	*gov*	*credit*	*invest*	*edu*	*indus*	*open*
单位	万元/人	%	%	万元/人	年	%	%
均值	2.20	2.46	3.14	8.78	8.67	46.25	30.92
标准差	1.41	1.43	3.08	5.94	1.02	8.37	36.21
最小值	0.22	0.09	0.17	1.02	6.38	25.69	1.16
最大值	7.38	6.73	17.2	32.06	12.67	89.60	170.76
观测量	406	406	406	406	406	406	406

5.3 实证结果分析

5.3.1 空间相关性检验结果

首先对绿色经济增长率 ln*ggdp* 进行空间相关性检验，历年莫兰指数结果如表 5 - 11 所示。

表 5 - 11　　2004 ~ 2017 年中国绿色经济增长率莫兰指数及统计检验结果

权重	项目	2004 年	2005 年	2006 年	2007 年	2008 年	2009 年	2010 年
W_1	指数	0.45	0.48	0.47	0.48	0.46	0.41	0.47
	Z 值	3.99	4.19	4.12	4.18	4.05	3.68	4.17
	P 值	0.00	0.00	0.00	0.00	0.00	0.00	0.00

续表

权重	项目	2004 年	2005 年	2006 年	2007 年	2008 年	2009 年	2010 年
W_2	指数	0. 12	0. 12	0. 13	0. 13	0. 13	0. 12	0. 15
	Z 值	4. 32	4. 33	4. 47	4. 59	4. 54	4. 28	5. 08
	P 值	0. 00	0. 00	0. 00	0. 00	0. 00	0. 00	0. 00
W_3	指数	0. 08	0. 08	0. 08	0. 09	0. 09	0. 10	0. 09
	Z 值	13. 7	12. 8	13. 7	13. 9	14. 8	14. 9	14. 7
	P 值	0. 00	0. 00	0. 00	0. 00	0. 00	0. 00	0. 00
权重	项目	2011 年	2012 年	2013 年	2014 年	2015 年	2016 年	2017 年
W_1	指数	0. 43	0. 44	0. 43	0. 43	0. 44	0. 43	0. 48
	Z 值	3. 83	3. 93	3. 80	3. 79	3. 88	3. 82	4. 19
	P 值	0. 00	0. 00	0. 00	0. 00	0. 00	0. 00	0. 00
W_2	指数	0. 15	0. 14	0. 14	0. 14	0. 14	0. 13	0. 14
	Z 值	5. 00	4. 92	4. 88	4. 75	4. 80	4. 63	4. 78
	P 值	0. 00	0. 00	0. 00	0. 00	0. 00	0. 00	0. 00
W_3	指数	0. 09	0. 08	0. 08	0. 08	0. 08	0. 07	0. 07
	Z 值	14. 2	13. 7	13. 6	13. 3	13. 6	12. 4	11. 6
	P 值	0. 00	0. 00	0. 00	0. 00	0. 00	0. 00	0. 00

不难看出，在三种空间矩阵下，所有年份绿色经济增长率的莫兰指数均在1%的显著性水平上为正，因此可以认为中国各省份的绿色经济发展具有显著的正向空间依赖性。比较三种矩阵下的莫兰指数可以发现，邻接权重矩阵下的数值最高，这也表明绿色经济的空间依赖性主要体现为省份之间是否相邻，而不是省份之间的地理距离以及经济发展相似度。为进一步分析不同省份之间绿色经济增长率的空间异质性，选取2017年的数据绘制莫兰指数散点图，结果如图5－1所示，其中图5－1a、图5－1b、图5－1c分别对应邻接权重矩阵、距离权重矩阵以及经济权重矩阵三种情况。

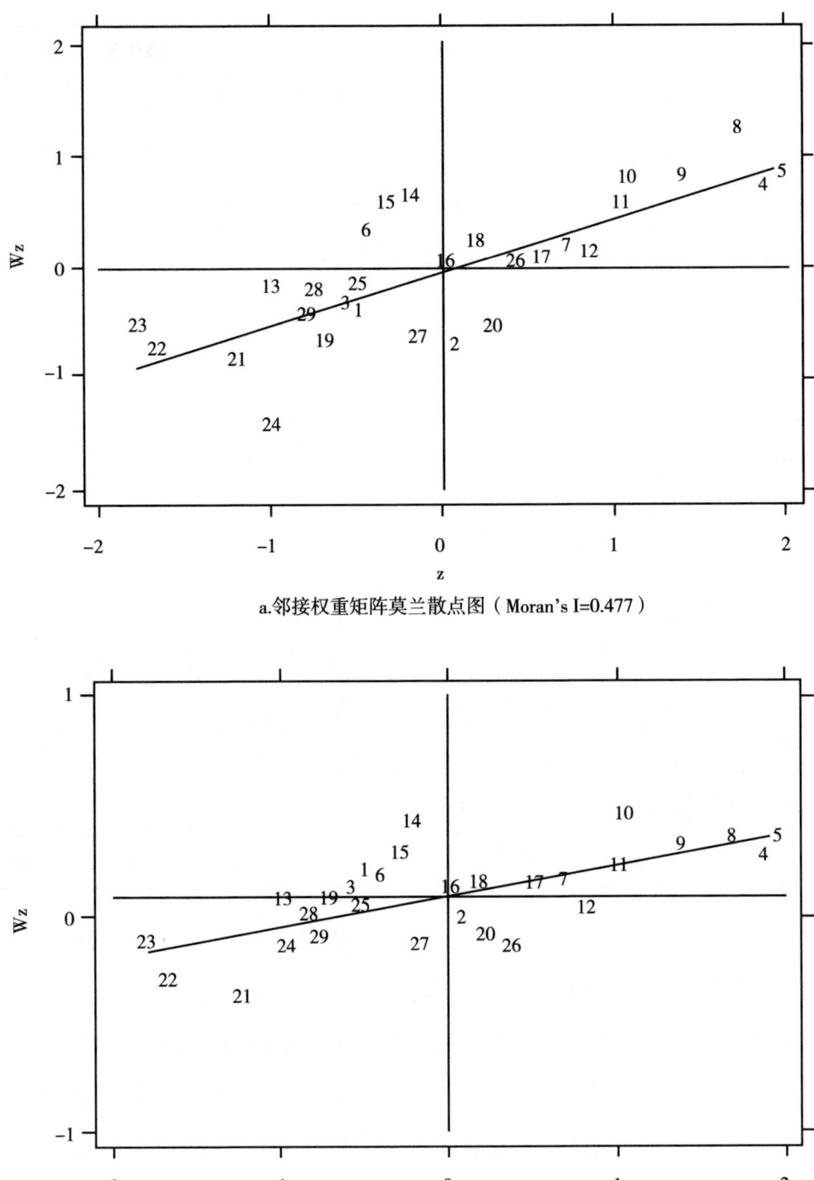

a.邻接权重矩阵莫兰散点图（Moran's I=0.477）

b.距离权重矩阵莫兰散点图（Moran's I=0.140）

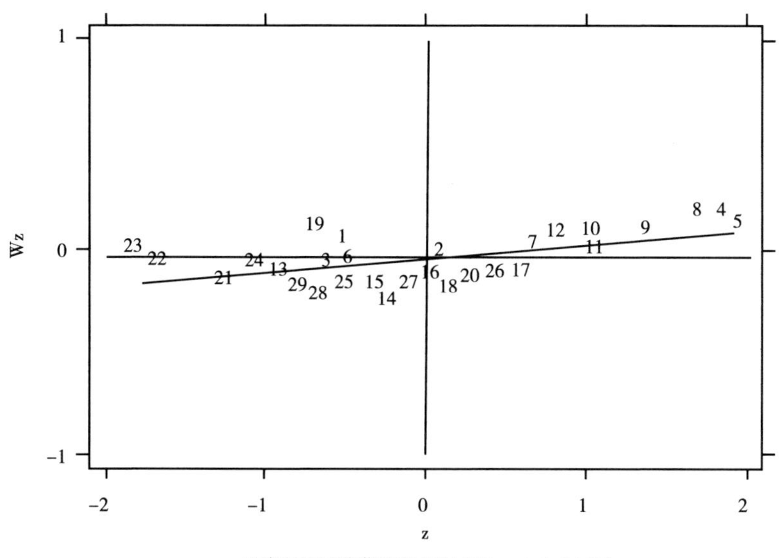

c.经济权重矩阵莫兰散点图（Moran's I=0.066）

图5-1 2017年中国各省份绿色GDP增长率的莫兰指数散点图

注：1-辽宁；2-吉林；3-黑龙江；4-北京；5-天津；6-河北；7-山东；8-上海；9-江苏；10-浙江；11-福建；12-广东；13-山西；14-安徽；15-江西；16-河南；17-湖北；18-湖南；19-内蒙古；20-陕西；21-甘肃；22-青海；23-宁夏；24-新疆；25-广西；26-重庆；27-四川；28-贵州；29-云南。

由图5-1可以看到，大部分省份处于第一、第三象限中，且在邻接权重矩阵影响下的分布最为显著。这表明绿色经济增长率的确主要存在正向的空间相关性，其中北京、天津、河北、山东、上海、江苏、浙江、福建、广东等始终位于第一象限，属于高增长率省份的集聚；新疆、甘肃、广西、四川、贵州、云南等始终位于第三象限，属于低增长率省份的集聚；其他省份在不同的空间矩阵下可能呈现出高低增长率混合集聚的情况。

5.3.2 政府环保投入率对绿色经济增长率的影响

通过对莫兰指数的研究发现，中国的绿色经济增长率存在显著的空间依赖特征，故接下来通过空间面板模型分别研究政府和市场的环保投入率如何影响绿色经济增长率。首先讨论政府环保投入率对绿色经济增长率的影响，结果如表 5 – 12 所示。

表 5 – 12　　　政府环保投入率对绿色经济增长率的影响结果

项目	(1)	(2)	(3)	(4)	(5)	(6)	(7)	(8)
	FE	SGMM	2SLS			SGMM		
			W_1	W_2	W_3	W_1	W_2	W_3
lnggdp(−1)		0.175 ** (2.50)				0.932 *** (14.36)	0.723 *** (8.63)	0.828 *** (10.46)
Wlnggdp			0.061 *** (4.04)	0.166 *** (3.78)	0.001 (0.06)	0.214 *** (11.74)	0.341 *** (25.60)	0.043 *** (14.34)
Wlnggdp(−1)						−0.228 *** (−11.67)	−0.268 *** (−8.43)	−0.044 *** (−7.21)
gov	0.108 *** (4.00)	0.755 *** (8.91)	0.162 ** (2.47)	0.129 * (1.82)	0.228 *** (2.75)	0.365 *** (3.11)	0.360 ** (2.06)	0.388 *** (3.22)
gov^2	−0.013 ** (−2.53)	−0.149 *** (−7.93)	−0.040 *** (−3.21)	−0.034 ** (−2.55)	−0.051 *** (−3.43)	−0.076 *** (−3.42)	−0.074 ** (−2.22)	−0.076 *** (−3.49)
credit	0.008 (0.53)	0.104 *** (3.64)	−0.121 *** (−3.25)	−0.143 *** (−3.76)	−0.126 *** (−3.25)	0.045 *** (2.93)	0.033 (1.57)	0.048 *** (3.01)
gov × *credit*	−0.012 (−1.56)	−0.081 *** (−4.31)	0.013 (0.70)	0.017 (−1.48)	0.010 (0.52)	−0.042 *** (−3.08)	−0.037 * (−1.90)	−0.040 *** (−3.20)
gov^2 × *credit*	0.001 (1.32)	0.014 *** (4.91)	0.001 (0.38)	0.003 (1.60)	0.002 (0.58)	0.009 *** (3.34)	0.009 ** (2.34)	0.009 *** (3.90)
invest	0.024 *** (7.65)	−0.019 *** (−2.99)	0.003 (0.53)	-3×10^{-5} (−0.00)	0.009 (1.18)	0.001 (0.32)	0.006 (1.42)	0.011 * (1.74)
edu	0.148 *** (4.73)	−0.039 (−1.27)	0.118 *** (3.21)	0.105 *** (2.80)	0.125 *** (2.69)	−0.046 *** (−2.62)	−0.037 (−1.46)	−0.099 *** (−4.16)
indus	−0.002 (−0.95)	0.032 *** (6.53)	0.046 *** (5.21)	0.047 *** (5.19)	0.049 *** (5.19)	−0.001 (−0.37)	−0.006 *** (−5.26)	−0.004 ** (2.48)
open	0.002 ** (2.08)	0.002 ** (2.51)	0.003 ** (2.29)	0.003 *** (2.98)	0.003 *** (2.69)	0.002 * (1.66)	0.005 *** (0.23)	0.004 ** (2.53)

续表

项目	(1)	(2)	(3)	(4)	(5)	(6)	(7)	(8)
	FE	SGMM	2SLS			SGMM		
			W_1	W_2	W_3	W_1	W_2	W_3
constant	-1.460*** (-5.39)	-1.777*** (-5.23)	-3.262 (-10.53)	-3.185*** (-9.65)	-3.556*** (-10.43)	0.050 (0.44)	0.090 (0.94)	0.469*** (4.31)
Hausman P	0.013							
R^2	0.650		0.570	0.561	0.531			
Prob > F	0.000		0.000	0.000	0.000			
Prob > chi^2		0.000				0.000	0.000	0.000
AR(1)		0.196				0.002	0.013	0.019
AR(2)		0.796				0.740	0.200	0.283
Hansen		0.196				0.331	0.183	0.281
C-D Wald			79.90	78.01	79.45			
10% max			16.38	16.38	16.38			
观察值	406	377	406	406	406	377	377	377

注：*、**、*** 分别表示参数的估计值在10%、5%和1%的水平上显著。

其中，列（1）为静态非空间面板的估计结果，列（2）为动态非空间面板的估计结果，列（3）~列（5）为静态空间面板的估计结果，列（6）~列（8）为动态空间面板的估计结果。相关检验显示，静态非空间面板模型（1）的Hausman检验P值为0.013，采用固定效应（FE）模型；静态空间面板模型（3）~列（5）中工具变量选取解释变量的滞后项，C-D Wald F统计量均高于10%偏误下的临界值16.38，因此不存在弱工具变量问题，且工具变量数量与内生变量数量相同，因此模型是恰足识别；动态面板模型（2）、模型（6）、模型（7）、模型（8）中，AR(2)在1%的显著性水平上不能拒绝原假设，即差分方程中的扰动项不存在二阶自相关，且Hansen统计量的P值均大于0.10，可以认为工具变量的设定都有效。

由表5-12可知，第一，在全部模型中，政府环保投入率 *gov* 对绿色经济增长率 ln*ggdp* 的一次项系数均显著为正，二次项系数均显著为负，因

此 *gov* 对 ln*ggdp* 具有倒 U 型影响关系，存在非零的政府适度环保投入率，低于这一比率时，政府继续增加环保投入将提高绿色经济增长率，而高于这一比率时，政府的环保投入过剩，其他公共服务的供给不足，导致绿色经济增长率下降。

第二，在模型（2）、模型（6）、模型（7）、模型（8）中，市场环保投入率 *credit* 与政府环保投入率 *gov* 的一次项乘积 $gov \times credit$ 的系数均显著为负、与二次项乘积 $gov^2 \times credit$ 的系数均显著为正，表明市场的环保投入对政府环保投入的效果产生了调节作用。

第三，在模型（2）、模型（6）、模型（7）、模型（8）中，滞后一期的绿色经济增长率 ln*ggdp*(－1) 的系数显著为正，说明绿色经济增长存在惯性：绿色经济历史增长率越高的省份，预期未来的绿色经济增长率也相应越高，因此这种发展模式是可持续的。

第四，在模型（3）、模型（4）、模型（6）、模型（7）、模型（8）中，空间变量 *W*ln*ggdp* 及其滞后项 *W*ln*ggdp*(－1) 的系数均显著不为零，由此可见绿色经济增长存在显著的空间依赖性，并且这种空间依赖性不仅会影响当期的增长率，还会影响未来的增长率。从模型（6）~模型（8）的结果来看，当期空间变量 *W*ln*ggdp* 的系数显著为正，表明当期的绿色经济存在正向的空间溢出效应：如果某个省份的环境质量改善、经济发展水平提高，将带动其周边省份的环境质量改善、经济发展水平提高，形成正反馈的良性循环；相反，如果某个省份的环境质量恶化、经济增长减缓，一方面由于污染具有负外部性，容易向周边省份扩散，导致这些省份的污染也加剧，另一方面会引起区域贸易的衰退，导致周边省份的经济发展也受到负面影响。滞后项 *W*ln*ggdp*(－1) 的系数显著为负，这表明空间溢出效应对绿色经济增长率的影响具有收敛性。换言之，由其他省份的环境质量改善、经济发展水平提高所产生的对本省的绿色经济拉动力是有限的，随着时间的推移这种拉动力会减弱，最后保持在一个相对稳定的水平上。由此可见，区域协作有助于发展绿色经济，但更重要的仍是本省自主提高经济发展效率、降低污染排放。

第五，不同模型中控制变量系数的正负性与显著性并不一致。总的来看，人均物质资本存量 *invest* 与人均人力资本存量 *edu* 的系数在大部分模型中的正负性和显著性不一致，说明现阶段中国的物质资本与人力资本的积累对绿色经济增长率的影响不确定，一方面物质与人力资本的积累会提高全社会总产出，但另一方面也会增加污染排放与自然资源、能源的消耗。产业结构 *indus* 的系数在大部分模型中为负，说明现阶段中国工业的发展仍将伴随着较高的污染排放，导致绿色经济增长率降低；经济外向度 *open* 的系数在大部分模型中为正，这表明现阶段中国的对外贸易有助于向国外转移高污染产业，从而提高绿色经济增长率。

5.3.3 市场环保投入率对绿色经济增长率的影响

接下来讨论市场环保投入率对绿色经济增长率的影响，结果如表5－13所示。

表5－13　　市场环保投入率对绿色经济增长率的影响结果

项目	(1)	(2)	(3)	(4)	(5)	(6)	(7)	(8)
	FE	SGMM	2SLS			SGMM		
			W_1	W_2	W_3	W_1	W_2	W_3
ln*ggdp*(－1)		0.175** (2.50)				0.964*** (33.24)	0.948*** (20.79)	1.116*** (37.91)
*W*ln*ggdp*			0.055*** (5.33)	0.185*** (6.69)	0.026*** (3.32)	0.210*** (12.58)	0.299*** (13.54)	0.036*** (12.36)
*W*ln*ggdp*(－1)						－0.201*** (－13.28)	－0.282*** (－14.92)	－0.045*** (－20.66)
credit	0.062** (2.61)	0.755*** (8.91)	0.071** (2.12)	0.032 (0.94)	0.038 (1.04)	0.028*** (2.67)	0.055** (2.19)	0.035*** (3.50)
$credit^2$	－0.004** (－2.84)	－0.149*** (－7.93)	－0.004* (－1.89)	－0.002 (－1.01)	－0.002 (－0.99)	－0.002*** (－3.38)	－0.004* (－1.74)	－0.003*** (－4.68)

续表

项目	(1)	(2)	(3)	(4)	(5)	(6)	(7)	(8)
	FE	SGMM	2SLS			SGMM		
			W_1	W_2	W_3	W_1	W_2	W_3
gov	0.051*** (5.34)	0.104*** (3.64)	0.011 (0.63)	0.003 (0.17)	-0.002 (-0.10)	0.013 (0.80)	0.020 (1.44)	-0.017 (-1.57)
gov × credit	-0.016** (-2.29)	-0.081*** (-4.31)	-0.024* (-2.19)	-0.015 (-1.38)	-0.020* (-1.82)	-0.008* (-1.68)	-0.016*** (-2.77)	-0.007* (-1.88)
$gov \times credit^2$	0.001* (1.92)	0.014*** (4.91)	0.002** (2.41)	0.001 (1.63)	0.001** (2.03)	0.001** (2.41)	0.001*** (2.68)	0.001*** (3.41)
invest	0.021*** (6.08)	-0.019*** (-2.99)	0.026*** (5.72)	0.022*** (4.75)	0.024*** (4.66)	-0.001 (-0.80)	-0.001 (-0.31)	-0.003* (-1.81)
edu	0.130*** (3.95)	-0.039 (-1.27)	0.226*** (10.14)	0.209*** (9.44)	0.242*** (10.74)	0.008 (1.36)	-0.004 (-0.23)	-0.024*** (-4.31)
indus	-0.002 (-0.90)	0.032*** (6.53)	-0.009*** (-3.32)	-0.009*** (-3.60)	-0.010*** (-3.69)	-0.001* (-1.95)	-4×10^{-4} (-0.26)	0.002*** (3.55)
open	0.002** (2.10)	0.002** (2.51)	0.008*** (13.60)	0.009*** (15.84)	0.009*** (14.87)	2×10^{-4} (0.54)	7×10^{-5} (0.10)	-0.002*** (-5.42)
constant	-1.314*** (-4.67)	-1.777*** (-5.23)	-1.939*** (-10.87)	-1.787*** (-9.97)	-1.973*** (-10.64)	-0.061 (-0.96)	-0.020 (-0.14)	0.228*** (4.33)
Hausman P	0.011							
R^2	0.655		0.809	0.816	0.800			
Prob > F	0.000		0.000	0.000	0.000			
Prob > chi^2		0.000				0.000	0.000	0.000
AR(1)		0.196				0.006	0.002	0.001
AR(2)		0.796				0.642	0.051	0.050
Hansen		0.196				0.204	0.423	0.239
C-D Wald			828.01	836.51	855.63			
10% max			7.03	16.38	16.38			
观察值	406	377	377	377	377	377	377	377

注：*、**、***分别表示参数的估计值在10%、5%和1%的水平上显著。

其中，列（1）为静态非空间面板的估计结果；列（2）为动态非空间面板的估计结果，列（3）~列（5）为静态空间面板的估计结果；列（6）~列（8）为动态空间面板的估计结果。相关检验显示，静态非空间面板模型（1）的 Hausman 检验 P 值为 0.011，应采用固定效应（FE）模型；静态空间面板模型（3）~模型（5）中工具变量选取解释变量的滞后项，C-D Wald F 统计量均高于 10% 偏误下的临界值 7.03，因此不存在弱工具变量问题，且工具变量数量与内生变量数量相同，因此模型是恰足识别；动态面板模型（2）、模型（6）、模型（7）、模型（8）中，AR(2) 在 5% 的显著性水平上不能拒绝原假设，即差分方程中的扰动项不存在二阶自相关，且 Hansen 统计量的 P 值均大于 0.10，可以认为工具变量的设定都有效。

表 5-13 的结果表明，第一，在大部分模型中，市场环保投入率 *credit* 对绿色经济增长率表现出一次项系数显著为正、二次项系数显著性为负的倒 U 型影响关系，即存在非零的市场适度环保投入率，低于这一比率时，继续增加对环保产业的信贷支持、限制对高污染产业的信贷投放等将有助于绿色经济增长，而超过这一比率后，金融机构对环保产业的关注过度，而对其他实体经济的信贷不足，将因总产出增长缓慢而导致绿色经济增长率的整体下降。

第二，在大部分模型中，政府环保投入率 *gov* 与市场环保投入率 *credit* 的一次项乘积 $gov \times credit$ 显著为负、二次项乘积 $gov \times credit^2$ 显著为正，这表明政府环保投入对市场环保投入的效果产生了明显的调节作用。

第三，与表 5-7 的实证结果一致，滞后一期的绿色经济增长率 ln*ggdp*(-1) 和空间变量 *W*ln*ggdp* 的系数显著为正，滞后一期的空间变量 *W*ln*ggdp*(-1) 的系数显著为负，进一步印证了绿色经济增长率既存在自身惯性，也存在正向的空间溢出性，而这种空间溢出性具有收敛特征，随着时间推移将减弱。

第四，控制变量系数在不同模型中的显著性与正负性不一致，由于这些变量并非本书研究的重点，故此处不再赘述。

综上所述，政府和市场的环保投入都对绿色经济增长率具有非线性的倒U型影响，存在非零的政府适度环保投入率与市场适度环保投入率，并且政府与市场的环保投入效果具有相互调节的作用。接下来将对政府与市场的适度环保投入率进行测算，并进一步讨论政府与市场的环保投入是否对对方产生了挤出效应，以及适度环保投入率是否受到绿色经济增长率的时间惯性与空间溢出性影响。

5.3.4 政府与市场的适度环保投入率测算结果

本节基于表5－12和表5－13给出的实证结果，通过方程组式（5－6）对适度环保投入率进行测算，结果如表5－14所示。需要注意的是，如果表5－12和表5－13估计的 *gov* 与 *credit* 交乘项不显著，则该系数取零值。

表5－14　　政府与市场的适度环保投入率测算结果

变量	(1)	(2)	(3)	(4)	(5)	(6)	(7)	(8)
gov	4.09%	2.06%	2.00%	不显著	不显著	1.90%	2.55%	2.25%
credit	14.71%	7.55%	13.75%			8.88%	7.04%	8.65%

表5－14可以从两个维度来考察：其一是绿色经济的时间惯性与空间溢出性对适度环保投入率的影响；其二是政府与市场的协调作用对适度环保投入率的影响。

首先，从绿色经济时空惯性的维度来看，时间惯性和空间溢出性会降低政府与市场的适度环保投入率。与模型（1）估计的结果相比，政府的适度环保投入率由初始的4.09%最多下降至1.90%，市场的适度环保投入率由初始的14.71%最多下降至7.04%。这表明，坚持绿色经济可持续发展战略、推动环境治理的区域协调合作，不仅更有利于市场发挥其资源配置功能，而且能降低政府在环境治理方面的投入压力。可见适度环保投入率受绿色经济时空惯性的影响。

其次，从政府与市场协调的维度来看，模型估计的政府与市场的适度环保投入率基本遵循“一方提高、另一方降低”的挤出特征。例如模型（2）与模型（3）相比，政府的适度环保投入率由2.06%下降到2.00%，而市场的适度环保投入率由7.55%上升到13.75%；模型（6）与模型（8）相比，政府的适度环保投入率由1.90%上升到2.25%，而市场的适度环保投入率由8.88%下降到8.65%。可见，政府与市场的环保投入存在一定程度的挤出效应，因此协调合作对双方而言都是有益的：从政府的角度来看，市场资金能够充分发挥其在投资、融资、项目管理等方面的优势，实现资源更有效的配置；从市场的角度来看，有政府投入背书的环保项目风险更低，也更具政策导向性，在税收等方面能享受政府补贴，相比其独立投资的收益率更高。可见两者之间存在相互挤出的调节效应。

由于表5－12和表5－13中模型（6）~模型（8）的估计结果表明绿色经济同时具有时间惯性与空间溢出性，因此对表5－14中这三个模型的结果取算术平均数，得到政府的适度环保投入率约为2.23%，市场的适度环保投入率约为8.20%。

将上述结果与2017年我国29个省份政府、市场的实际环保投入率对比可以发现，目前多数省份政府的环保投入已经达到饱和甚至过剩，这与2007年以来由政府主导的环保基础设施建设大量兴起的现实情况是一致的。2007年以后全国平均的政府环保投入率首次超过适度值达到了2.96%，之后长期保持在3%左右。2017年我国29个省份中，政府实际环保投入率低于适度值2.23%的省份仅4个，分别是辽宁（2.18%）、湖北（2.05%）、新疆（1.18%）和广西（1.73%）。此外，政府实际环保投入率与当地经济发展水平也存在一定差异。例如2017年北京达到了6.72%，远高于适度值，而经济大省江苏、浙江、广东分别是2.75%、2.53%、2.88%，接近适度值；天津、山西、陕西较为接近，分别为3.36%、3.43%、3.36%，但三地经济发展水平差异很大。这也表明，政府在环保领域的投入与当地的经济发展水平、环境质量并不完全匹配，具有盲目、粗放的特征，这也在一定程度上降低了政府环保投入的效果。

相比之下，市场环保投入力度则较为不足。2017年全国平均市场实际环保投入率为5.44%，29个省份中接近或超过适度值8.20%的仅北京（15.02%）、天津（9.20%）、上海（14.90%）、江苏（8.79%）、广东（8.76%）和浙江（8.09%），均为我国经济最发达的地区。大部分省份由于政府投入偏高，不仅一定程度上挤出了市场投入，也使得政府在经济建设和环境保护之间的权衡更加困难。可见，推动政府与市场环保投入率适度化、在保证环保投入总量的同时优化其内部结构，是值得关注的重大问题。

5.3.5 稳健性检验

为确保实证结果的可靠性，本节将借鉴王立猛和何康林（2006）的研究，从能源消耗造成环境压力的角度刻画绿色GDP增长率，通过更换被解释变量进行稳健性检验。环境压力（*EP*）按如下方式定义：

$$EP = \frac{B_1 coal\% + B_2 petro\% + B_3 gas\% + B_4 Hydro\%}{B_1 + B_2 + B_3 + B_4} \quad (5-7)$$

其中，*coal%*、*petro%*、*gas%*和*Hydro%*分别代表能源消费中煤炭、石油、天然气和水电的消费比重，单位统一折算为标准煤；$B_1=1$、$B_2=0.79$、$B_3=0.55$、$B_4=0$分别代表消费四种能源产生的污染物（CO_2、SO_x、NO_x、颗粒物等）造成的环境压力（其中水电无污染）。在上述定义下，令绿色$\text{GDP}=GDP\times(1-EP)$，并进行价格平减和人均处理后取自然对数，作为被解释变量——绿色经济增长率。回归结果如表5-15和表5-16所示。稳健性检验结果显示，在大部分模型中，政府与市场环保投入率的一次项系数均显著为正、二次项系数均显著为负，可见政府与市场环保投入率对绿色经济增长率均存在倒U型影响作用；政府与市场环保投入率的交乘系数显著不为零，因此两者相互之间均对对方产生了调节作用；被解释变量的一期滞后项、空间项及其一期滞后项系数均显著不为零，且正负性与前文的回归结果一致。

表5-15 稳健性检验——政府环保投入率对绿色经济增长率的影响

项目	(1)	(2)	(3)	(4)	(5)	(6)	(7)	(8)
	FE	SGMM	2SLS			SGMM		
			W_1	W_2	W_3	W_1	W_2	W_3
ln*gdp*(-1)		0.788 *** (11.13)				0.915 *** (20.37)	0.808 *** (11.91)	0.871 *** (11.62)
*W*ln*gdp*			0.028 *** (4.99)	0.064 *** (5.04)	0.019 *** (7.40)	0.216 *** (18.85)	0.291 *** (16.76)	0.045 *** (20.06)
*W*ln*gdp*(-1)						-0.215 *** (-18.63)	-0.271 *** (-15.54)	-0.045 *** (-24.98)
gov	0.151 *** (8.70)	0.129 *** (2.66)	0.128 *** (5.30)	0.104 *** (4.05)	0.049 * (1.81)	0.071 ** (2.37)	0.092 *** (2.82)	0.103 *** (3.49)
gov^2	-0.020 *** (-5.97)	-0.028 *** (-3.19)	-0.015 *** (-3.48)	-0.011 ** (-2.41)	-0.005 (-1.08)	-0.012 *** (-2.08)	-0.017 *** (-3.53)	-0.020 *** (-5.11)
credit	0.042 *** (4.65)	0.023 * (1.88)	0.050 *** (4.25)	0.039 *** (3.21)	-0.029 ** (-2.48)	0.007 (0.75)	0.010 *** (2.62)	0.010 (1.56)
gov×*credit*	-0.021 *** (-4.35)	-0.017 * (-1.89)	-0.012 * (-1.77)	-0.009 (-1.34)	-0.003 (-0.40)	-0.004 (-0.87)	-0.008 *** (-2.59)	-0.007 ** (-2.07)
gov^2×*credit*	0.003 *** (4.33)	0.003 ** (2.20)	0.002 * (1.75)	0.001 (1.24)	0.0004 (0.52)	0.001 (1.42)	0.002 *** (3.54)	0.002 *** (3.50)
invest	0.013 *** (5.47)	0.001 (0.21)	0.035 *** (11.31)	0.034 *** (10.67)	0.021 *** (5.58)	0.002 ** (2.13)	0.003 (1.49)	0.003 * (1.90)
edu	0.088 *** (4.14)	-0.080 *** (-8.23)	-0.024 (0.77)	0.035 (1.13)	-0.022 (-0.71)	-0.025 *** (-3.80)	-0.039 *** (-8.24)	-0.028 ** (-6.44)
indus	-0.007 *** (-4.92)	-0.004 *** (-4.13)	-0.011 *** (-5.53)	-0.011 *** (-5.66)	-0.013 *** (-7.07)	-0.002 *** (-3.20)	-0.003 *** (-3.85)	-0.001 (-1.61)
open	-0.0004 (-0.69)	-0.001 (-1.34)	0.004 *** (6.33)	0.005 *** (7.85)	0.003 *** (5.27)	0.005 (1.60)	0.0004 (1.02)	0.0001 (0.34)
constant	-2.771 *** (-16.63)	0.225 * (1.83)	-1.115 *** (-6.87)	-1.125 *** (-6.88)	-0.850 *** (-5.14)	-0.018 (-0.29)	0.028 (0.31)	-0.024 (-0.20)

续表

项目	(1)	(2)	(3)	(4)	(5)	(6)	(7)	(8)
	FE	SGMM	2SLS			SGMM		
			W_1	W_2	W_3	W_1	W_2	W_3
Hausman P	0.000							
R^2	0.946		0.942	0.941	0.947			
Prob > F	0.000		0.000	0.000	0.000			
Prob > chi^2		0.000				0.000	0.000	0.000
AR(1)		0.000				0.001	0.001	0.007
AR(2)		0.279				0.079	0.352	0.083
Hansen		0.431				0.585	0.728	0.578
C-D Wald			90.821	97.946	75.324			
10% max			16.38	16.38	16.38			
观察值	406	377	406	406	406	377	377	377

注：*、**、*** 分别表示参数的估计值在 10%、5% 和 1% 的水平上显著。

表 5-16　稳健性检验——市场环保投入率对绿色经济增长率的影响

项目	(1)	(2)	(3)	(4)	(5)	(6)	(7)	(8)
	FE	SGMM	2SLS			SGMM		
			W_1	W_2	W_3	W_1	W_2	W_3
ln*gdp*(-1)		0.956*** (15.61)				0.860*** (20.91)	0.770*** (19.01)	0.744*** (16.91)
*W*ln*gdp*			0.027*** (5.29)	0.056*** (4.79)	0.016*** (5.88)	0.202*** (21.46)	0.290*** (22.36)	0.049*** (22.39)
*W*ln*gdp*(-1)						-0.193*** (-17.51)	-0.240*** (-16.12)	-0.040*** (-20.92)
credit	0.072*** (4.62)	0.078*** (2.63)	0.159*** (9.25)	0.139*** (7.60)	0.112*** (5.74)	0.058*** (3.13)	0.027** (2.41)	0.026*** (2.60)
$credit^2$	-0.004*** (-3.62)	-0.005*** (-2.88)	-0.008*** (-7.30)	-0.007*** (-6.28)	-0.006*** (-4.69)	-0.004*** (-3.07)	-0.002*** (-3.19)	-0.002*** (-3.83)
gov	0.061*** (9.81)	0.037 (1.21)	0.068*** (7.81)	0.064*** (7.01)	0.048*** (4.78)	0.046*** (2.59)	0.029*** (2.67)	0.032*** (3.29)

续表

项目	(1)	(2)	(3)	(4)	(5)	(6)	(7)	(8)
	FE	SGMM	2SLS			SGMM		
			W_1	W_2	W_3	W_1	W_2	W_3
gov × *credit*	-0.016*** (-3.54)	-0.033*** (-3.28)	-0.026*** (-4.77)	-0.023*** (-4.02)	-0.021*** (-3.73)	-0.018** (-2.51)	-0.011** (-2.57)	-0.010*** (-3.21)
gov × *credit*^{2}	0.001*** (3.04)	0.002*** (3.75)	0.002*** (4.80)	0.002*** (4.03)	0.001*** (3.97)	0.001** (2.60)	0.001*** (3.53)	0.001*** (4.68)
invest	0.011*** (4.49)	-0.008*** (-2.90)	0.027*** (8.45)	0.028*** (8.38)	0.021*** (5.68)	-0.001 (-0.45)	0.0002 (0.11)	-0.004 (-1.35)
edu	0.083*** (3.67)	-0.078*** (-10.03)	0.013 (0.46)	0.022 (0.79)	-0.020 (-0.62)	-0.041*** (-3.84)	-0.046*** (-5.25)	-0.042*** (-3.65)
indus	-0.007*** (-4.78)	-0.001* (-1.73)	-0.011*** (-6.15)	-0.011*** (-6.33)	-0.013*** (-7.01)	-0.001** (-1.97)	-0.004*** (-4.18)	-0.002*** (-3.31)
open	-0.0003 (-0.48)	-0.003*** (-6.21)	0.003*** (5.60)	0.004*** (7.18)	0.003*** (5.22)	-0.0004 (-0.73)	0.0001 (0.20)	-0.001** (-1.99)
constant	-2.757*** (-15.20)	0.303** (2.44)	-1.077*** (-6.94)	-1.099*** (-7.06)	-0.898*** (-5.39)	-0.069 (-0.76)	0.023 (0.41)	-0.225*** (-4.06)
Hausman P	0.000							
R^2	0.943		0.948	0.947	0.950			
Prob > F	0.000		0.000	0.000	0.000			
Prob > chi^2		0.000				0.000	0.000	0.000
AR(1)		0.000				0.001	0.001	0.006
AR(2)		0.410				0.513	0.859	0.531
Hansen		0.104				0.558	0.467	0.282
C-D Wald			89.788	100.977	73.564			
10% max			16.38	16.38	16.38			
观察值	406	377	406	406	406	377	377	377

注：*、**、*** 分别表示参数的估计值在10%、5%和1%的水平上显著。

将表5-15、表5-16的回归结果代入方程组（5-6），可测算出政府与市场的适度环保投入率，结果见表5-17。

表 5 - 17　稳健性检验——政府与市场的适度环保投入率测算结果

变量	(1)	(2)	(3)	(4)	(5)	(6)	(7)	(8)
gov	3.54%	无解	4.73%	4.70%	不显著	2.92%	2.50%	1.95%
credit	7.33%		5.00%	5.23%		7.60%	8.75%	8.20%

由表 5 - 17 的结果可知，剔除不显著以及无解的情况，全部模型得到的适度政府环保投入率平均测算值为 3.39%，适度市场环保投入率平均测算值为 7.02%，由模型（6）~模型（8）得到的适度政府环保投入率平均测算值为 2.46%，适度市场环保投入率平均测算值为 8.18%，与上文测算的结果基本一致。因此可以认为上文的实证结论是稳健的。

5.4　本章小结

本章对中国的绿色 GDP 进行了核算，并构建实证模型对政府与市场的适度环保投入率进行了测算。实证结果表明：政府与市场的环保投入率均对绿色经济增长率存在显著的倒 U 型影响，且在一定条件下，非零的政府、市场适度环保投入率同时存在；适度环保投入率不仅受绿色经济自身时间惯性与空间溢出性的影响，也受政府与市场相互之间调节作用、挤出效应的影响；现阶段政府的适度环保投入率约为 2.23%，市场的适度环保投入率约为 8.20%。对比全国各省份的实际环保投入情况，大部分地方政府在环境保护方面的支出过剩，而市场中的绿色信贷不足。因此现阶段政府不宜继续盲目增加环保支出，而应当加强与金融机构的政银合作、政企合作，建立合适的激励机制引导金融机构加大对环保产业的支持，通过市场化的力量推动环保产业的健康发展。同时，由于绿色经济的增长具有时间惯性与正向的空间溢出性，因此应继续加强区域间环保产业的合作发展，扩大政府投资的边界，发挥金融机构整合市场资源的能力，最大化绿色经济的空间溢出效应，促进区域经济协调发展。

下一章将探讨“国家中心城市建设”这一政策是否对政策实施地区的环保投入率产生了影响？如果产生了影响，那么是正面还是负面，是否有利于环保投入率适度化？研究结论也将为后文进一步构建环保投入率适度化策略提供支持。

第 6 章

国家中心城市战略与中国环保投入率适度化

本章将探讨国家中心城市这一战略对该地区环保投入率以及绿色 GDP 的影响。国家中心城市是中国城镇体系规划设置的最高层级，最早于 2005 年由建设部（现改为住房和城乡建设部）依据《中华人民共和国城市规划法》编制全国城镇体系规划时提出，并将北京、上海、天津、广州 4 个大城市确定为首批国家中心城市；2010 年，住房和城乡建设部发布的《全国城镇体系规划（2010—2020）》明确提出五大国家中心城市——北京、天津、上海、广州、重庆——的规划和定位；2016 年 5 月至 2018 年 2 月，国家发改委及住建部先后发函支持成都、武汉、郑州、西安建设国家中心城市。按照国家发改委的定义，国家中心城市是指居于国家战略要津、肩负国家使命、引领区域发展、参与国际竞争、代表国家形象的现代化大都市。在资源环境承载条件和经济发展基础较好的地区规划建设国家中心城市，既是引领全国新型城镇化建设的重要抓手，也是完善对外开放区域布局的重要举措。国家中心城市是中国经济高质量发展与绿色转型的重要试验场。因此本章包含三部分内容，一是研究国家中心城市建设这一政策是否有助于该地区环保投入率适度化，二是研究该政策是否有助于该地区绿色 GDP 增长，三是研究政策的影响机制。

6.1　国家中心城市战略对环保投入率的影响

6.1.1　双重差分法基本原理

本节探讨的问题是：国家中心城市战略的启动是否有助于该地区环保投入率适度化即降低政府环保投入率，提升市场环保投入率，实验工具为双重差分法。双重差分法的核心思想是将制度变迁或新政策视为外生于经济系统的一次“自然实验”（刘志红，2019），通过构造政策实施前后实验组（即政策实施组）和对照组（即政策未实施组）之间差异的比较构造反映政策效果的“双重差分统计量”，根据对双重差分统计量的估计结果评估政策效应。双重差分法的基本模型设置如下：

$$y_{it} = \alpha_0 + \alpha_1 Post_t + \alpha_2 Treat_i + \beta Treat_i \times Post_t + \varepsilon_{it} \quad (6-1)$$

其中，$Post_t$为政策实施虚拟变量，政策实施前取0，实施后取1；$Treat_i$为分组虚拟变量，政策试点取1属于实验组，否则取0属于对照组；ε_{it}代表随机扰动项。如果政策是逐步推行的，通常将式（6-1）做如下修改：

$$y_{it} = \alpha_0 + \alpha_1 Post_t + \beta Treat_i \times Post_t + \eta Control_{it} + \lambda_i + \varepsilon_{it} \quad (6-2)$$

其中，$Control_{it}$代表一系列控制变量；λ_i代表不随时间变化的个体固定效应。下文也将采用这种形式进行实证。

$Post_t$与$Treat_i$的交乘项系数β代表政策净效应，以式（6-1）为例，政策前后的系数含义总结如表6-1所示。

表6-1　回归系数与政策净效应

项目	政策实施前	政策实施后	实施前后差异
实验组	$\alpha_0+\alpha_2$	$\alpha_0+\alpha_1+\alpha_2+\beta$	$\alpha_1+\beta$
对照组	α_0	$\alpha_0+\alpha_1$	α_1
两组的差异	α_2	$\alpha_2+\beta$	β(DID)

由表 6－1 可以看出，政策实施前后对实验组的净效应就是交乘项的系数β。图 6－1 反映了双重差分法的核心思想，虚线部分表示假设政策未实施时的实验组发展趋势。

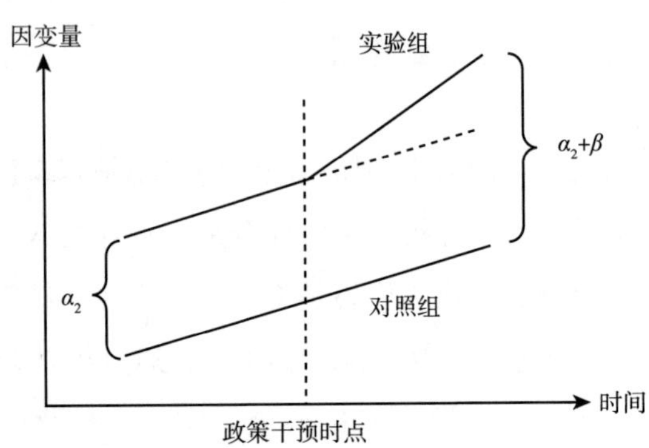

图 6－1　双重差分实验

从图 6－1 也可以看出，双重差分法成立的关键前提是政策实施前实验组与对照组的发展趋势相同，即所谓的“共同趋势”（common trends）。如果不满足共同趋势，那么对β的估计结果是无意义的。因此需要按照如下方式对共同趋势进行检验（Beck et al，2010）：

$$y_{it} = \sum_{t=-q}^{-1} \delta_t Treat_i \times Post_t + \sum_{t=0}^{m} \gamma_t Treat_i \times Post_t + \eta Control_{it} + \lambda_i + \upsilon_t + \varepsilon_{it} \quad (6-3)$$

其中，δ_t、γ_t分别代表政策启动前、后各年交乘项的系数。如果δ_t不显著，则表明被解释变量在政策启动前的变化趋势是相近的，因此通过共同趋势检验；反之，如果δ_t显著，则不通过共同趋势检验。γ_t越显著，则表明政策启动后对被解释变量的影响越明显。

6.1.2　数据说明

本节构建的双重差分模型，被解释变量为环保投入率，包括政府环保投入率与市场环保投入率。由于2010年住建部发布的《全国城镇体系规划（2010—2020）》在国家中心城市的政策发展过程中具有阶段性意义，因此以2010年作为政策启动时点。在试点的选取方面，由于第二批试点于2016~2018年由国家发改委和住建部发函支持成立，而本节研究的时间区间为2004~2017年，故第二批试点暂不纳入研究。第一批试点中，除广州以外其他四个试点——北京、天津、上海、重庆——均为直辖市，从经济体量与行政级别来看均比较合适与其他省份进行比较，因此以北京、天津、上海、重庆四个直辖市作为实验组，其他省份作为对照组。所有变量名称及对应的核算方法如表6-2所示，描述性统计结果如表6-3所示。

表6-2　　变量解释

变量类型	变量名称（符号）	核算方法
被解释变量	政府环保投入率（*gov*）	节能环保支出÷一般公共预算支出
	市场环保投入率（*credit*）	绿色信贷规模÷金融机构贷款余额×δ
解释变量	政策时间（*Post*）	2013年以前取0，2013年开始取1
	政策效果（*Treat*×*Post*）	地区虚拟变量×时间虚拟变量
控制变量	产业结构（*indus*）	第三产业增加值÷第二产业增加值
	城镇化水平（*urban*）	本地城镇常住人口÷常住人口总量
	经济外向度（*open*）	外商直接投资（FDI）总额÷地区生产总值
	制度成本（*fee*）	行政费用收入÷一般预算收入

表6-3　　变量描述性统计

变量	*gov*	*credit*	*Post*	*Treat*×*Post*	*indus*	*Urban*	*open*	*fee*
单位	%	%	无	无	无	%	%	%
均值	2.46	3.14	0.57	0.08	0.95	52.47	2.32	7.15
标准差	1.43	3.08	0.50	0.27	0.51	14.42	1.84	3.59
最小值	0.09	0.17	1	1	4.24	89.60	8.19	22.48
最大值	6.73	17.2	0	0	0.49	25.69	0.04	0.82
观测量	406	406	406	406	406	406	406	406

6.1.3 共同趋势检验

首先根据式（6－3）进行平行趋势检验，部分结果如表6－4所示，并绘制成图6－2。不难发现，大部分交乘项在2010年以前的系数基本不显著；少数交乘项系数在2008年、2009年显著，可以认为《全国城镇体系规划（2010—2020）》在编制过程中已经对这些城市的政府决策产生了一定的影响，因此可认为均通过共同趋势检验。2010年以后，政府环保投入率 *gov*、市场环保投入率 *credit* 的交乘项系数均基本显著，表明政策效果已呈现出来。

表6－4　　　　共同趋势检验结果

时间	政府环保投入率	市场环保投入率
5年前	0.200 (1.01)	−0.403 (−0.81)
4年前	0.171 (0.87)	−0.134 (−0.22)
3年前	1.421 (1.65)	0.534 (0.79)
2年前	1.459* (1.77)	0.437 (0.60)
1年前	1.361** (2.25)	1.322* (1.91)
2010年	1.633*** (2.76)	1.322* (1.73)
1年后	1.573*** (2.82)	1.634** (2.31)
2年后	1.481*** (2.75)	8.034*** (4.21)
3年后	1.461** (2.73)	5.878*** (4.08)
4年后	1.659** (2.35)	6.430*** (3.68)
5年后	1.929** (2.36)	6.396*** (3.24)

注：*、**、***分别表示参数的估计值在10%、5%和1%的水平上显著。

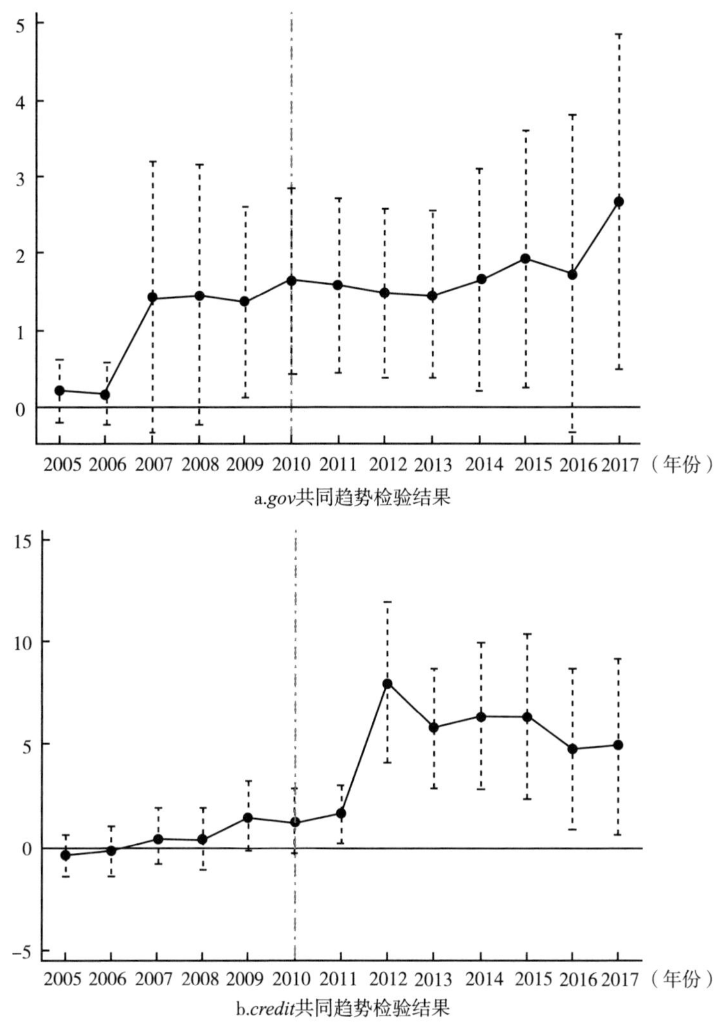

图6-2 共同趋势检验结果

6.1.4 双重差分估计结果

接下来运用双重差分模型式（6-2）估计国家中心城市战略对四个直辖市的政府环保投入率、市场环保投入率的影响效果，结果如表6-5所示。

表 6-5　　双重差分估计结果

项目	*gov* (1)	*credit* (2)
Post	0.483 * (1.87)	1.360 *** (5.01)
Treat × *Post*	0.572 (1.49)	3.461 *** (4.62)
indus	0.105 (0.15)	3.256 *** (4.46)
urban	0.048 * (1.92)	0.106 *** (3.41)
open	-0.013 (-0.13)	-0.352 ** (-2.62)
fee	-0.118 * (-2.00)	-0.032 (-0.82)
constant	0.388 (0.29)	-5.517 *** (-4.58)
Hausman P	0.002	0.000
R^2	0.237	0.763
Observations	406	406

注：*、**、*** 分别表示参数的估计值在 10%、5% 和 1% 的水平上显著。

根据 Hasuman 检验结果，列（1）和列（2）均采用固定效应模型回归。表 6-5 结果表明，国家中心城市建设政策的出台对政府环保投入率并未产生显著影响，但显著提高了市场环保投入率。从第 5 章的研究结果来看，政府环保投入通常集中于基础设施建设方面，因此具有一定的政策惯性，转型难度较大；但市场环保投入相对较为灵活，2017 年北京、天津、上海的市场环保投入率已达到甚至超过了适度值；重庆的市场环保投入率自 2010 年开始由 2.08% 提升到 2017 年的 5.67%，基本实现适度投入，这种变化一定程度上也反映了国家中心城市建设对城市高质量发展、完善区域金融市场的要求。

6.1.5　双重差分有效性检验

为保证上述检验结果的可靠性，借鉴石大千等（2018）的方法，随机抽取实验组并观测 *credit* 交乘项系数的核密度图，若核密度集中分布在0附近且显著偏离真实值，则表明国家中心城市战略是有效的。对29个地区随机抽取4个作为实验组，其他地区作为对照组，并重复进行1000次，得到如图6-3所示的交乘项系数核密度图。可以看到，在随机抽取实验组的情况下，*credit* 交乘项系数大多集中在0附近，且显著偏离图6-3给出的真实值（图中垂直实线），因此说明国家中心城市建设政策对四个直辖市的市场环保投入率产生显著的正面影响，排除了地区随机因素对实证结果的干扰。

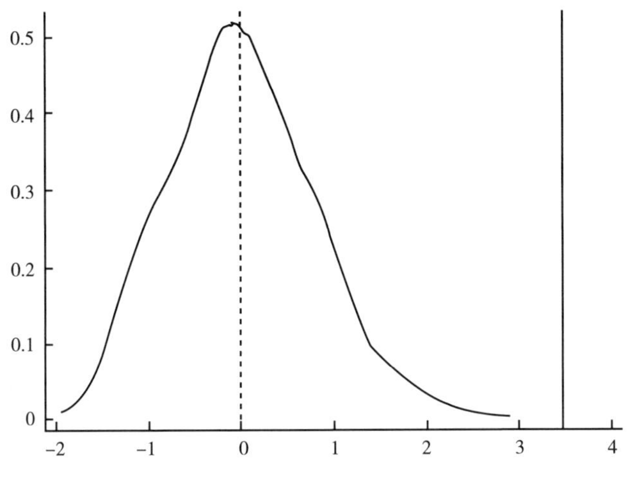

图6-3　双重差分安慰剂检验结果

6.1.6　政策效果异质性分析

上文利用双重差分模型检验了国家中心城市战略的实施是否会对当地

环保投入率产生影响，结果显示政策对政府环保投入率的影响不明显，但显著提高了实施地区的市场环保投入率。接下来将对政策效果的异质性因素做进一步分析，探讨政策效果是否受某些异质性因素的影响。

首先讨论政策效果在不同区域的差异性。将实验对象分成两组，一组为东部地区，包含北京、天津、上海 3 个实验组，以及河北、辽宁、吉林、黑龙江、江苏、浙江、福建、山东、广东 9 个对照组。另一组为西部地区，包含重庆 1 个实验组，以及内蒙古、广西、四川、贵州、云南、陕西、甘肃、青海、宁夏、新疆 10 个对照组。结果如表 6 –6 所示。

表 6 –6　　　　异质性检验（区域）

项目	东部	西部
Post	1.345*** (3.26)	0.373* (1.91)
Treat × *Post*	3.742*** (3.36)	1.494*** (4.62)
indus	3.500** (3.04)	0.233 (0.65)
urban	0.186** (2.79)	0.205*** (7.62)
open	−0.258 (−1.06)	−0.267** (−2.32)
fee	−0.069 (−0.99)	0.037 (0.54)
constant	−11.220 (−0.99)	−7.253*** (−6.92)
Hausman P	0.000	0.000
R^2	0.779	0.841
观察值	168	154

注：*、**、*** 分别表示参数的估计值在 10%、5% 和 1% 的水平上显著。

表 6 –6 的结果表明，国家中心城市战略对市场环保投入率的提升作用在东西部城市都产生了效果，但很显然东部的效果更明显（系数为

3.742)。这一结果是不难理解的：东部地区金融业更加发达、市场更加活跃，上海更是亚洲地区重要的金融中心，因此更容易通过金融市场支持环保产业发展，实现经济高质量增长。

接下来讨论政策效果在不同经济发展水平地区的差异性。同样将实验对象分成两组，一组为经济发达地区，包含北京、天津、上海 3 个实验组，以及江苏、浙江、福建、山东、广东 5 个对照组，这些地区 2017 年的绿色人均 GDP 在 2 万元以上（以 2004 年价格计算）；另一组为经济欠发达地区，包含重庆 1 个实验组，以及其他 20 个对照组，这些地区 2017 年的绿色人均 GDP 在 2 万元以下（以 2004 年价格计算）。结果如表 6－7 所示。

表 6－7　　　　　　　　异质性检验（经济发展水平）

项目	发达	欠发达
Post	1.653** (2.92)	0.791*** (4.81)
Treat × *Post*	2.248** (3.27)	1.449*** (10.29)
indus	5.336*** (5.71)	1.022*** (4.15)
urban	0.188*** (4.31)	0.168*** (8.41)
open	−0.284 (−1.11)	−0.180*** (−4.02)
fee	0.068 (0.42)	−0.001 (−0.04)
constant	−14.460*** (−4.39)	−6.634*** (−6.93)
Hausman P	0.000	0.000
R^2	0.814	0.825
观察值	112	294

注：**、*** 分别表示参数的估计值在 5% 和 1% 的水平上显著。

表6－7的结果表明，无论在发达地区还是欠发达地区，国家中心城市战略对本地市场环保投入率的提升作用都是明显的。但相比而言，发达地区的提升效果更加明显（系数为2.248），这与前文关于EKC的相关论述是一致的。显然只有当经济发展到一定程度后，环境保护才更加有“本”可依，资本市场也会将更多的目光关注到环保产业。

6.2 国家中心城市战略对绿色经济的影响

6.2.1 合成控制法基本原理

通过上文的分析可以看出，国家中心城市战略对本地市场环保投入率产生了显著的提升作用。因此，本节将进一步探讨：由国家中心城市战略所导致的市场环保投入率提升，是否促进了本地绿色经济的发展，实验工具为合成控制法。与双重差分法类似，合成控制法也将研究对象分成实施了政策的实验组（treatment group）与未实施政策的控制组（control group）两类，其独特之处在于将控制组加权平均拟合出一个与实验组特质近似的“反事实”合成控制对象，实验组的真实情况与合成控制对象的拟合情况之间的差别就是政策效果。这种做法具有四个方面的优点：一是结果不存在外推，因为合成控制法的权重非负且和为1；二是拟合结果透明，实验组与反事实合成结果的区别清晰可见；三是免于技术参数搜索，控制组权重可以在政策介入前确定；四是反事实结果透明，控制组对反事实结果的贡献度透明可知。特别是，合成控制法能够避免双重差分法存在的诸如内生性、样本异质性等问题（陈林和伍海军，2015），因此其被誉为“过去15年最重要的政策评估创新”（Athey & Imbens，2017）。

假设存在 $N+1$ 个地区，其中有1个地区在 T_0 期被设立为国家中心城市，而其他 N 个地区未被设立。令 Y_{it}^{T} 代表地区 i 在 t 期设立为国家中心城市后的绿色GDP，核算方法与第5章相同，Y_{it}^{C} 代表地区 i 在 t 期没有被设立为国家中心城市的绿色 GDP，则地区 i 在 t 期实际观察到的绿色 GDP 可以表示为$Y_{it}=Y_{it}^{C}+D_{it}\pi_{it}$，$D_{it}$为虚拟变量，如果地区 i 在 t 期被设立为国家中心城市则取值为 1，否则为 0；π_{it}代表国家中心城市在 t 期对地区 i 绿色 GDP 的提升作用。不难看出，$\pi_{it}=Y_{it}-Y_{it}^{C}=Y_{it}^{T}-Y_{it}^{C}$，$Y_{it}^{T}$为实际观察值，需要估计的是$Y_{it}^{C}$，即如果没有被设立为国家中心城市的绿色 GDP。这一反事实结果可以用下列模型进行估计（Abadie et al，2010）：

$$Y_{it}^{C}=\delta_t+\theta_t Z_i+\lambda_t\mu_i+\varepsilon_{it} \tag{6-4}$$

式（6－4）中，δ_t是时间固定效应；Z_i是可观察到的（$K\times1$）维不受国家中心城市政策影响的控制变量；θ_t是（$1\times K$）维未知参数向量；λ_t是（$1\times F$）维无法观测到的公共因子向量；μ_i是（$F\times1$）维无法观测到的地区固定效应；ε_{it}是各个地区无法观测的短期冲击，在地区层面满足均值为 0。

为求出Y_{it}^{C}，可以考虑一个（$N\times1$）维的权重向量 $W=(w_1,w_2,\cdots,w_{i+1},\cdots,w_{N+1})$，满足 $w_j\geqslant0,j\neq i,\sum_{j\neq i}w_j=1$。向量 W 的每一个特定取值代表一种控制组对实验组的合成，w_j即对应控制组中地区 j 的权重。因此合成控制的结果变量为：

$$\sum_{j\neq i}w_jY_{jt}=\delta_t+\theta_t\sum_{j\neq i}w_jZ_j+\lambda_t\sum_{j\neq i}w_j\mu_j+\sum_{j\neq i}w_j\varepsilon_{jt} \tag{6-5}$$

假定存在（$w_1^*,w_2^*,\cdots,w_{i-1}^*,w_{i+1}^*,\cdots,w_{N+1}^*$），使得：

$$\begin{gathered}\sum_{j\neq i}w_j^*Y_{j1}=Y_{i1},\sum_{j\neq i}w_j^*Y_{j2}=Y_{i2},\cdots,\\ \sum_{j\neq i}w_j^*Y_{jT_0}=Y_{iT_0},\sum_{j\neq i}w_j^*Z_j=Z_i\end{gathered} \tag{6-6}$$

并且 $\sum_{t=1}^{T_0}\lambda_t'\lambda_t$ 为非奇异矩阵，则有：

$$\begin{aligned}Y_{it}^{C}-\sum_{j\neq i}w_j^*Y_{jt}=&\sum_{j\neq i}w_j^*\sum_{s=1}^{T_0}\lambda_t\left(\sum_{k=1}^{T_0}\lambda_t'\lambda_t\right)^{-1}\lambda_s'(\varepsilon_{js}-\varepsilon_{is})\\&-\sum_{j\neq i}w_j^*(\varepsilon_{jt}-\varepsilon_{it})\end{aligned} \tag{6-7}$$

阿巴迪等（Abadie et al，2010）证明了，在一般条件下，如果政策前时间相对于政策后时间较长，则式（6－7）趋于0。因此在政策期 $t \in [T_0+1,T]$，实验组地区 i 的反事实结果可以用合成控制组来表示，即 $\hat{Y}_{it}^{C} = \sum_{j \neq i} w_j^* Y_{jt}$。故政策效果的无偏估计为：

$$\pi_{it} = Y_{it} - \hat{Y}_{it}^{C} = Y_{it} - \sum_{j \neq i} w_j^* Y_{jt}, t \in [T_0 + 1, T] \qquad (6-8)$$

6.2.2 数据说明

本节构建的合成控制模型，被解释变量为以2004年价格水平平减后的绿色GDP总量，核算方法与第5章一致。之所以采用总量而非人均量进行实验，是因为北京、天津、上海的人均绿色GDP偏高，难以找到合适的控制组进行合成，导致实验结果无效。尽管绿色GDP总量的增长也受到人口增长的影响，但进入21世纪以来中国人口增长速度已经明显减缓，因此如果合成控制实验组的结果显著，可以认为主要来自政策影响。

与上一节相同，本节研究的时间区间也为2004～2017年，以北京、天津、上海、重庆四个直辖市作为实验组，其余省份为控制组。控制变量沿用表6－2给出的产业结构、城镇化水平、经济外向度，此处不再赘述。

6.2.3 合成控制结果

首先分别对四个直辖市构建合成控制组，选择标准是最小化国家中心城市战略启动前时间段内实验组与控制组绿色GDP的均方误差，结果如图6－4所示，其中实线代表实验组实际的绿色GDP，虚线代表由控制组合成的绿色GDP。可以看到，即使上文的研究结果已表明国家中心城市战略能够显著提升四个城市的市场环保投入率，且东南沿海地区和经济发达地区的效果更加明显，但这种提升效果并不一定能够转化为绿色 GDP 的提升。对比四个城市的拟合结果，天津和重庆的实际绿色 GDP 相较合成绿色 GDP 有显著的提升，北京的实际绿色 GDP 相较合成绿色 GDP 有提升但幅度不大，且在 2014 年之后才较为明显，而上海的拟合结果较差且实际绿色 GDP 低于合成绿色 GDP。由此可见，同一政策在不同地区产生的影响也存在较大差异。下文将重点讨论拟合结果较好的北京、天津、重庆三个城市。

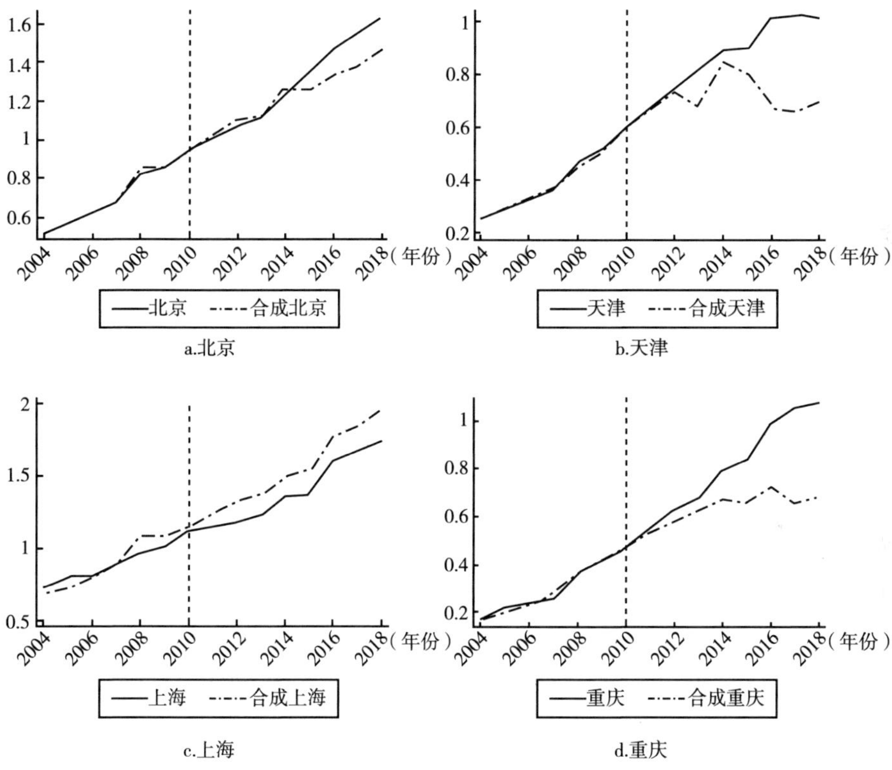

图 6－4　合成控制结果

表 6－8 总结了 2010 年以来北京、天津、重庆的实际绿色 GDP 相比合成绿色 GDP 的提升量与提升幅度。纵向来看，2010～2017 年，国家中心城市战略对绿色经济的政策刺激效果自 2014 年开始加速，并在 2017 年达

到峰值。横向来看，天津、重庆的提升幅度相对较高，而北京的提升幅度相对较低，结合上一章表 5 - 5 不难理解：北京的绿色 GDP 占比已较高，政策刺激作用有限；天津、重庆这类以工业为主，且自然资源耗减比例较高的试点，政策的刺激作用才能够更加充分地发挥。

表 6 - 8　　　　三市政策对绿色 GDP 的影响效果

年份	北京		天津		重庆	
	提升量（万亿元）	提升幅度（%）	提升量（万亿元）	提升幅度（%）	提升量（万亿元）	提升幅度（%）
2010	0.002	0.21	0.00	0.59	-0.01	-1.52
2011	-0.04	-3.56	0.01	1.10	0.01	2.64
2012	-0.04	-3.38	0.02	2.44	0.06	9.90
2013	-0.02	-1.55	0.14	20.60	0.05	8.00
2014	-0.02	-1.78	0.04	4.99	0.11	17.02
2015	0.09	7.01	0.10	12.13	0.18	27.99
2016	0.12	9.28	0.35	52.05	0.27	36.71
2017	0.16	11.89	0.36	55.10	0.40	61.96

6.2.4　合成控制有效性检验

上文结果表明，2010 年以后北京、天津、重庆三个国家中心城市的实际绿色 GDP 明显高于反事实合成的绿色 GDP，然而导致这种差异的主因究竟是国家中心城市战略的启动，还是其他未观测到的外生因素，仍需进一步验证。接下来将通过两种方法对合成控制结果的有效性进行检验。

1. 安慰剂检验

首先采用阿巴迪等（Abadie et al，2010）提出的安慰剂法对政策的有效性进行检验，其基本思路是：假设一个在样本期间内没有被设立为国家中心城市的地区受到了相同的政策影响，对其采用同样的合成控制法检验政策效果，如果政策效果不明显，则表明绿色 GDP 的提升效果的确来自国家中心城市战略的启动，上文的实证结论是有效的，反之则意味着绿色 GDP 的提升效果并非来自国家中心城市战略的启动，上文的实证结论无效。借鉴谭静和张建华（2018）的研究，本书选取合成三个城市绿色 GDP 时权重最高的三个省份进行安慰剂检验，分别是宁夏（占合成北京的 41.6%）、辽宁（占合成天津的 47.9%）和内蒙古（占合成重庆的 47.5%），结果如图 6－5 所示。可以看到，宁夏的实际绿色 GDP 在 2010 年后略高于合成绿色 GDP 但差异非常小；辽宁和内蒙古的实际绿色 GDP 在 2014 年以后明显低于合成绿色 GDP。由此可见，北京、天津、重庆三个试点地区的绿色 GDP 在 2010 年以后出现的大幅提升并非来自偶然因素，而是国家中心城市战略启动的结果。

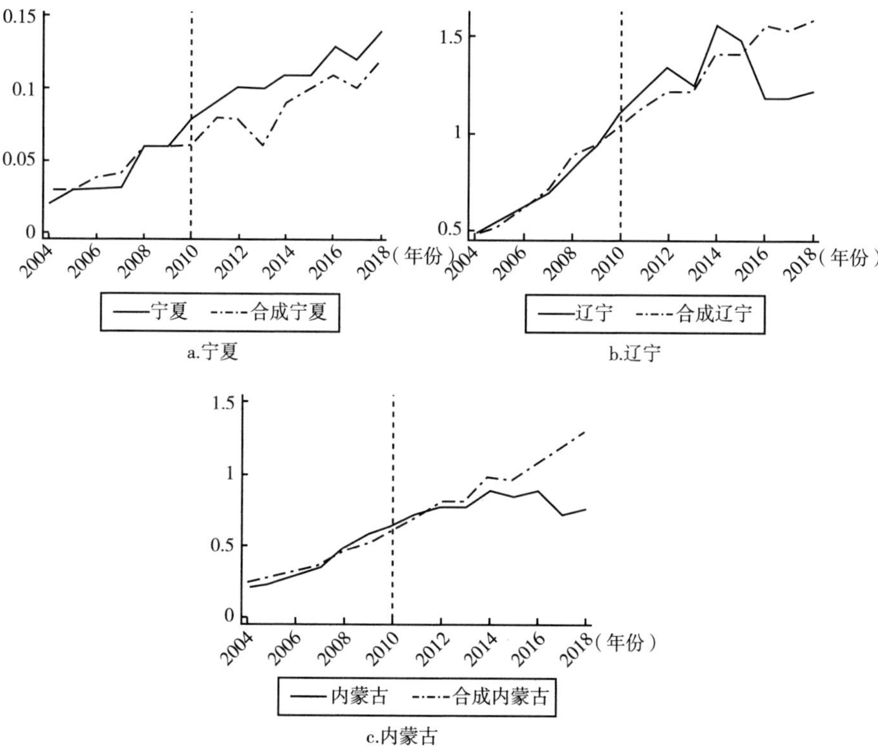

图 6－5　安慰剂检验结果

2. 排序检验

尽管安慰剂检验的结果验证了国家中心城市战略对当地绿色 GDP 存在提升作用，但最终呈现的实际绿色 GDP 与合成绿色 GDP 的差异仍可能是多种政策因素叠加的结果，因此还需要对政策效果在统计学意义上的显著性进行检验。阿巴迪等（Abadie et al，2010）采用的是一种排序检验（permutation test）的方法，其思路是假设所有控制组均从 2010 年开始启动国家中心城市战略，采用合成控制法构造这些控制组的合成控制对象，估计上述假设条件下的政策实施效果，并与国家中心城市战略实际启动地区的政策效果进行比较。如果两者的政策效果差距不明显，则说明国家中心城市战略对绿色 GDP 的提升作用不具有统计学上的显著性，反之则有理由相信这一提升作用是显著的。

进行排序检验的对象包括绿色 GDP 提升量与提升幅度。需要指出的是，排序检验要求控制组在政策实施前的合成控制结果具有较高的拟合度，即均方误差的平方根（root mean square prediction error，RMSPE）不能太大。原因是显而易见的：如果政策实施前的拟合度较低，那么政策实施后现实情况与合成控制结果的较大差距仍可能是由于拟合度较低而非政策效果显著所导致的。因此参照阿巴迪等（Abadie et al，2010）的研究，本书剔除了 2010 年以前 RMSPE 超过北京、天津、重庆三者最大值 2 倍的广东、湖北、福建、浙江、湖南，以及存在极端数据值的贵州，共四个省份，参与排序检验的控制组省份共 19 个。结果如图 6 -6、图 6 -7 所示，其中黑色实线代表北京、天津、重庆三个实验组的结果，虚线代表其他控制组的结果。

可以看出，在 2010 年以前，无论从提升量还是提升幅度来看，大部分省份实际绿色 GDP 与合成绿色 GDP 的差别不大，而从 2010 年开始，两者开始出现分歧。从对绿色 GDP 的提升量来看，北京低于五个排序省份，而天津、重庆低于两个排序省份，因此可以认为国家中心城市战略对北京、天津、重庆的绿色 GDP 提升量在 10% 的水平上显著；从对绿色 GDP

的提升幅度来看，北京低于六个排序省份，而天津、重庆高于其他全部排序省份，因此可以认为碳排放权交易政策对北京的绿色 GDP 提升幅度在 10% 的水平上显著，而对天津、重庆的绿色 GDP 提升幅度在 5% 的水平上显著。总体而言，国家中心城市战略对绿色 GDP 的提升效果在北京相对较低，而在天津与重庆都非常显著。

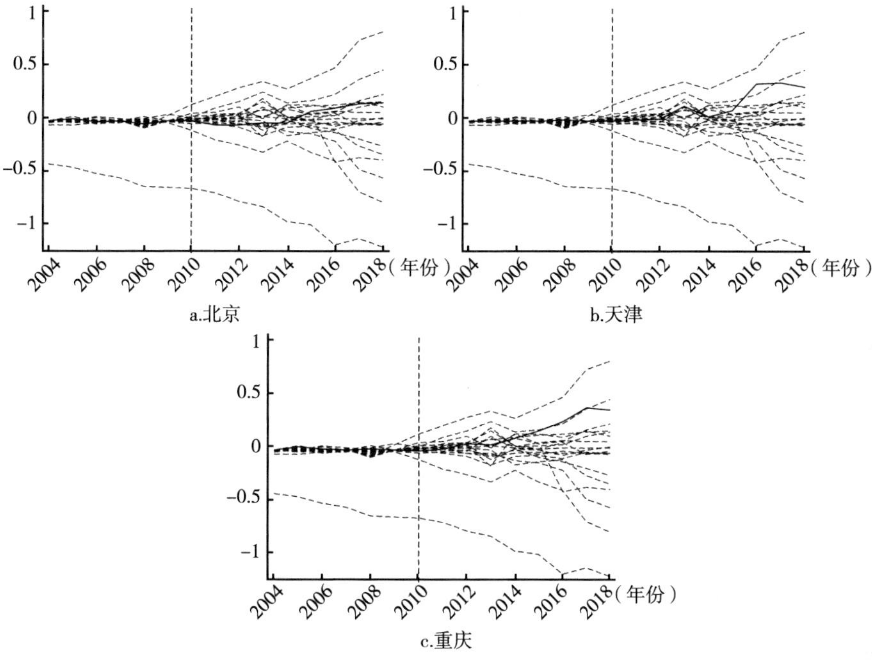

图 6－6 排序检验结果——绿色 GDP 提升量

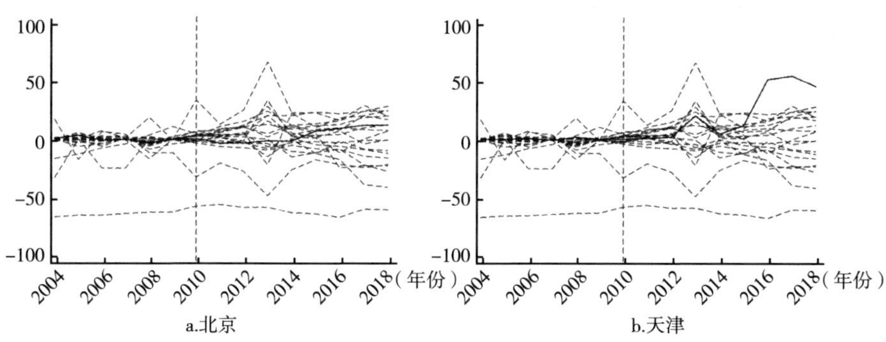

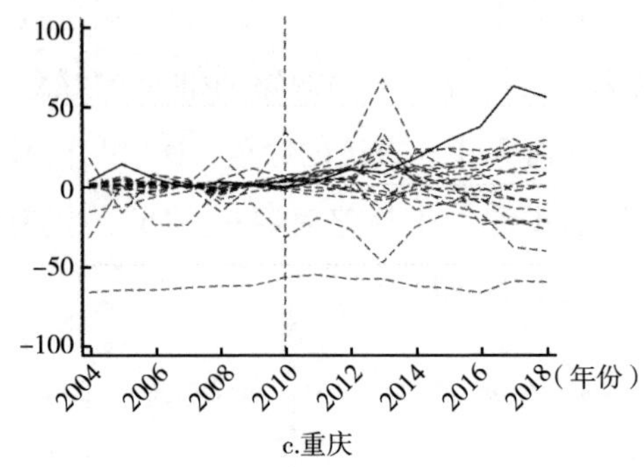

图 6-7 排序检验结果——绿色 GDP 提升幅度

6.3 环保投入提升绿色经济的中介效应检验

6.3.1 中介检验基本原理

通过上文的研究，验证了国家中心城市战略的启动切实提升了实施城市的绿色 GDP，其中天津、重庆的提升幅度非常显著，这为国家发展绿色经济起到了很好的示范作用。因此，本章最后需要探讨的问题是：国家中心城市战略对绿色经济的提升作用，是否通过市场环保投入率的提高而实现？即：是否存在图 6-8 所示的过程，市场环保投入率作为国家中心城市战略提升绿色 GDP 的中介变量而存在？

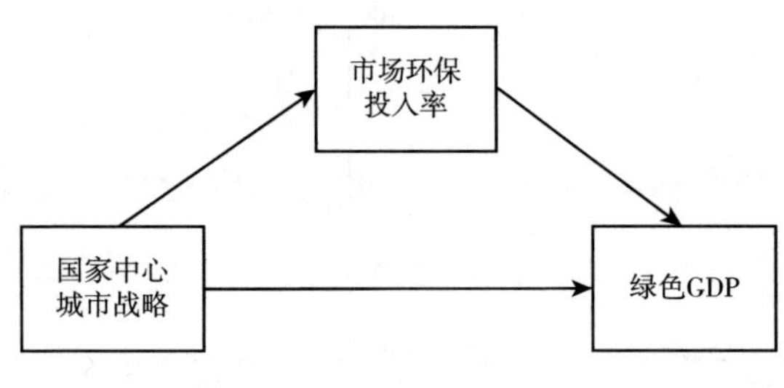

图 6-8 中介效应

更进一步，下文将参考温忠麟等（2004）的多重中介效应检验办法，构建如下多重中介模型，检验图6-9所示的多重中介效应是否存在。

$$
\begin{aligned}
y_{it} &= cPilot_i \times Year_t + \eta_1 Control_{it} + \omega_{it} \\
Credit_{it} &= a_1 Pilot_i \times Year_t + \sigma_{1it} \\
R\&d_{it} &= a_2 Pilot_i \times Year_t + d_{21} Credit_{it} + \sigma_{1it} \\
Energy_{it} &= a_3 Pilot_i \times Year_t + d_{31} Credit_{it} + d_{32} R\&d_{it} + \sigma_{2it} \\
y_{it} &= c' Pilot_i \times Year_t + b_1 Credit_{it} + b_2 R\&d_{it} \\
&\quad + b_3 Energy_{it} + \eta_2 Control_{it} + \upsilon_{it}
\end{aligned}
\tag{6-9}
$$

其中，因变量 y 与上一节一致，取以2004年价格水平平减后的绿色GDP总量；$R\&d$ 代表技术水平，核算方法为规模以上工业企业R&D经费与主营业务收入之比，反映国家中心城市战略对高排放企业在提高清洁生产技术方面的影响；*Energy* 代表能源结构，核算方法为电力与总能源消费（煤炭、石油、天然气、电力）之比，反映国家中心城市战略所导致的化石能源消费向清洁能源消费的转移；*Control* 代表一系列控制变量，采用上文给出的产业结构、城镇化水平、经济外向度以及人口密度（单位面积下的人口总量）；c 代表国家中心城市战略对绿色GDP的总效应，c' 代表国家中心城市战略对绿色GDP的直接效应。

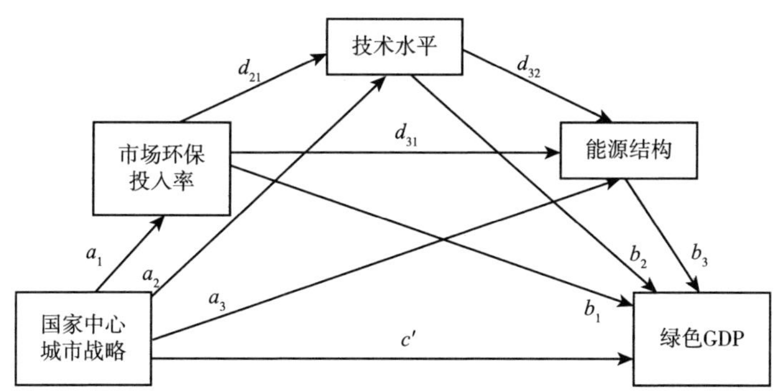

图6-9 国家中心城市战略对绿色GDP的多重中介效应检验

中介效应共7条，包括3条独立中介效应（1）~（3）以及4条链式中介效应（4）~（7）：

（1）a_1b_1：国家中心城市战略→市场环保投入率→绿色GDP。

（2）a_2b_2：国家中心城市战略→技术水平→绿色GDP。

（3）a_3b_3：国家中心城市战略→能源结构→绿色GDP。

（4）$a_1d_{21}b_2$：国家中心城市战略→市场环保投入率→技术水平→绿色GDP。

（5）$a_1d_{31}b_3$：国家中心城市战略→市场环保投入率→能源结构→绿色GDP。

（6）$a_2d_{32}b_2$：国家中心城市战略→技术水平→能源结构→绿色GDP。

（7）$a_1d_{21}d_{32}b_3$：国家中心城市战略→市场环保投入率→技术水平→能源结构→绿色GDP。

上述7条中介效应均采用Bootstrap法进行检验（Preacher & Hayes，2008）。

6.3.2 中介效应检验结果

基于式（6-9）进行中介效应检验，结果如表6-9所示。

表6-9　　中介效应检验结果

自变量		因变量			
		Credit	*R&d*	*Energy*	*y*
		(1)	(2)	(3)	(4)
Pilot × Year	直接	7.115*** (13.13)	0.205*** (4.88)	5.487*** (3.33)	-0.256* (-1.67)
	间接		0.415*** (10.63)	6.375*** (5.43)	1.973*** (10.43)
	总体	7.115*** (13.13)	0.619*** (13.11)	11.862*** (7.89)	1.717*** (8.28)

续表

自变量		因变量			
		Credit	*R&d*	*Energy*	*y*
		(1)	(2)	(3)	(4)
Credit	直接		0.058 *** (18.10)	1.615 *** (9.77)	0.177 *** (8.98)
	间接			-0.481 *** (-4.24)	0.067 *** (4.93)
	总体		0.058 *** (18.10)	1.134 *** (9.02)	0.244 *** (14.63)
R&d	直接			-8.258 *** (-4.36)	1.319 *** (7.26)
	间接				0.071 (1.64)
	总体			-8.258 *** (-4.36)	1.389 *** (7.75)
Energy					-0.009 * (-1.77)

注：*、*** 分别表示参数的估计值在10%和1%的水平上显著。

由表6-9可知：第一，国家中心城市建设战略对绿色GDP的直接效应显著为负，而间接效应显著为正。这是由于该战略的实施将在一定程度上限制经济的过热增长，导致GDP总量下降，但该战略通过激励企业提高生产技术、调整优化能源结构等方式降低了经济发展对环境的破坏，因此总效应仍显著为正。这一结果与通过国家中心城市建设促进中国经济高质量发展的目标是一致。

第二，国家中心城市建设战略对市场环保投入率、技术水平和能源结构的直接、间接影响具有一致性，均显著提高了市场环保投入率、工业企业的R&D投入以及清洁能源的使用比重。这一结果进一步佐证了国家中心城市建设战略的启动对北京、天津、上海、重庆四个城市绿色GDP存在提升作用，并且这种提升作用存在多种机制。

第三，市场环保投入率对绿色 GDP 的直接、间接效应均显著为正。直接效应来源于绿色金融在环境保护、污染治理方面的直接投入；间接效应来源于绿色金融对工业企业清洁生产技术，以及对清洁能源利用方面的扶持，显然这种扶持力度越大，企业的清洁生产能力越强、能源结构越清洁，也越有利于绿色 GDP 的提高。

第四，市场环保投入率对技术水平与能源结构的直接效应均显著为正，这是显而易见的：发展绿色金融有助于提升工业企业的清洁生产技术并推动电能替代进程。但市场环保投入率对能源结构的间接效应显著为负，一种相对合理的解释是，当绿色金融提升了工业企业的清洁生产技术后，企业通过电能替换传统化石能源以降低生产污染排放的迫切性就降低了。换言之，提高利用化石能源的清洁生产技术，与直接使用清洁能源方面，存在此消彼长的替代关系，而市场环保投入率的提高更有利于前者。这就使得其对能源结构的间接效应为负。

第五，技术水平对能源结构的直接效应显著为负，上文已经解释，故不再赘述；技术水平对绿色 GDP 的直接效应显著为正，来源于其提升了工业企业的清洁生产能力，而间接效应为正但不显著，原因在于能源结构对绿色 GDP 的直接效应显著为负，表明现阶段减少化石能源的使用对 GDP 产生的负面影响超过了环境改善带来的好处，因此当技术水平提升抑制了对化石能源的削减后，便对 GDP 产生了正面效应。

6.3.3 政策传导路径检验结果

下面对政策传导过程的链式中介效应进行检验，从而更准确地观察各中介变量之间的相互影响效果，厘清政策的传导路径，结果如表 6 - 10 所示。

表6-10　　链式中介效应检验结果

路径	链式中介	系数	95%置信区间	是否存在中介效应
1	政策→市场环保投入→绿色 GDP	1.257*** (5.16)	[0.780,1.735]	存在
2	政策→技术水平→绿色 GDP	0.270*** (3.63)	[0.124,0.416]	存在
3	政策→能源结构→绿色 GDP	-0.047* (-1.82)	[-0.097,0.004]	存在
4	政策→市场环保投入→技术水平→绿色 GDP	0.547*** (5.43)	[0.349,0.744]	存在
5	政策→市场环保投入→能源结构→绿色 GDP	-0.098** (-2.10)	[-0.190,-0.007]	存在
6	政策→技术水平→能源结构→绿色 GDP	0.014* (1.66)	[-0.003,0.032]	存在
7	政策→市场环保投入→技术水平→能源结构→绿色 GDP	0.029* (1.72)	[-0.004,0.063]	存在

表6-10表明，国家中心城市战略对绿色GDP的提升存在7条传导路径，其中经由市场环保投入的路径共4条：路径1，政策→市场环保投入率→绿色GDP，系数为1.257；路径4，政策→市场环保投入率→技术水平→绿色GDP，系数为0.547；路径5，政策→市场环保投入率→能源结构→绿色GDP，系数为-0.098；路径7，政策→市场环保投入率→技术水平→能源结构→绿色GDP，系数为0.029。比较上述传导路径的系数相对大小、正负性及显著性，不难发现：

第一，随着政策路径迂回传导的次数增多，政策效果也逐渐减弱，表现为系数减小以及显著性降低。

第二，路径3与路径5的系数为负，共同点在于能源结构对绿色GDP的单一影响为负，因此如果市场环保投入只作用于能源结构调整，例如以补贴的形式推动电能替代、削减化石能源，其结果可能会适得其反，以GDP较大幅度的下降为代价换取环境质量较小幅度的提升，这并不是高质量发展的真正内涵。

第三，在与技术水平相关的路径中，无论是对绿色 GDP 的直接影响，还是经由能源结构的迂回影响，系数均显著为正，这表明提高工业企业的清洁生产技术是实现经济绿色发展的重要路径，它甚至可以抵消能源结构调整产生的负面影响。

第四，比较路径 2 和路径 4 可以发现，在增加了市场环保投入的迂回传导后，技术水平对绿色 GDP 的提升作用反而更强了，这充分体现了绿色金融对技术水平提升的放大作用，进一步证明了提升市场环保投入、实现市场环保投入率的适度化对经济绿色发展的重要意义。

6.4 本章小结

本章首先采用双重差分模型，对国家中心城市战略是否影响了当地环保投入率变化进行了准自然实验。研究结果表明，国家中心城市战略的启动显著提升了北京、天津、上海、重庆四个直辖市的市场环保投入率，但对政府环保投入率影响不明显。从异质性检验来看，东部的北京、天津、上海相比西部的重庆金融市场更加活跃，且经济发展水平更高，因此国家中心城市战略对市场环保投入率的政策影响效果更加明显。

随后，本章采用合成控制模型，对国家中心城市战略是否影响了当地绿色 GDP 进行了检验。研究结果表明，北京、天津、重庆的绿色 GDP 在国家中心城市战略启动后出现了明显提升，其中天津、重庆的提升幅度更加显著。这表明国家中心城市战略对当地经济的绿色发展具有积极意义，特别是对于绿色 GDP 相对较低的地区，提升作用是非常明显的。

最后，本章对国家中心城市战略影响当地绿色 GDP 的机制进行了中介效应检验。研究结果表明，国家中心城市战略通过提升市场环保投入率，影响了工业企业的清洁生产技术水平，并推进了电能替代化石能源，从多条路径提升了绿色 GDP。这使得国家中心城市战略对市场环保投入率的提升具有适度化的意义，也是中国经济绿色高质量发展的成功实践。

总体而言，本章的研究证明，国家中心城市战略政策促进了市场环保投入率的适度化，并因此对经济绿色发展产生了积极影响。但该战略对政府环保投入率的适度化帮助有限，如何降低政府的环保投入仍是需要解决的问题。因此下一章将在前两章研究结论的基础上构建一种环保投入适度化策略，目标在于增加商业银行对环保产业的绿色信贷，同时减少政府在环保产业上的预算支出，从而推动政府与市场的环保投入率向适度化调整，实现绿色经济更高效的增长。

第7章

中国环保投入率适度化策略构建与数据仿真

第5章的研究表明，中国目前的环保投入存在政府投入过多、市场投入不足的问题，环保投入率尚未达到适度值，经济建设与环境保护仍有进一步协调的空间。第6章的研究表明，国家中心城市战略有利于市场环保投入率适度化，但对政府环保投入率作用有限。因此，本章将构建一种策略，以促进绿色信贷更有效地支持环境保护产业发展，同时减少政府在环保领域的财政支出，实现环保投入率适度化。

在第3章对中国环保投入面临问题的论述中已指出，当前中国环保产业具有综合竞争力不强、产业集中度低、融资渠道有限等问题，大多数环保企业属于中小企业。这也导致环保企业的发展更依赖于政府的政策扶持，形成了政府环保投入过高、市场环保投入偏低的现状。2015年以来，环保类PPP项目大量兴起，政府有意识地通过这种“公私合营”的模式吸引更多的社会资本进入环保领域。但从运行情况来看，一方面，环保类PPP项目无论数量还是资金规模在全部项目中所占的比重均偏低；另一方面，PPP项目大多仍属于基础设施建设类，与政府合作的企业也主要是行业中的大型龙头企业，中小企业的参与度较低，而科技创新能力较强的中小企业恰恰是最需要市场资金投入却最难获得市场资金投入的企业。因此本章将站在环保产业中科技型中小企业的角度，探讨这类企业难以获得市场投资的原因，并以此为切入点构建策略，引导市场资金更多地流向这类企业，助力实现环保投入率的适度化。本章包含两个方面的研究内容：一是构建环保投入率适度化策略；二是对策略进行数据仿真，讨论实现环保投入率适度化的条件。

7.1　环保投入率适度化策略构建

7.1.1　策略构建背景

本章构建的环保投入率适度化策略的目标是引导市场增加对环保产业中科技型中小企业的绿色信贷，同时减少政府对该类企业的环保财政投入，从而达到降低政府环保投入率、提高市场环保投入率的适度化目标。然而，科技型中小企业通常具有“高风险、高投入、高成长、长周期”的特征（周国林等，2018），与当前国内商业银行的信贷制度不匹配，因此难以获得银行贷款。为解决这一问题，培育科技型中小企业成长，2015 年 3 月，国务院发布了《关于深化体制机制改革加快实施创新驱动发展战略的若干意见》，提出选择符合条件的银行业金融机构，探索试点为企业提供投贷联动服务。所谓投贷联动，是指商业银行整合具有不同风险、不同收益要求的金融机构，针对科技型企业不同生命周期各阶段的金融需求创新产品和服务，以“债权 + 股权”的方式为科技型中小企业提供融资支持，推动企业成长（王点和万波，2019）。投贷联动模式早在 20 世纪 50 年代就在美国出现并普及推广。2016 年，中国的投贷联动试点正式启动，探索投贷联动模式在中国的本土化，因此，本章构建的策略也是投贷联动模式应用在环保投入方面的一种创新尝试。

本章将采用演化博弈的方式构建环保投入率适度化策略。演化博弈主要用于在信息不对称的环境中研究有限理性对象的群体行为，将宏观问题转化为对微观主体的行为研究，再将微观主体的行为结果转化为宏观经济现象。因此，研究如何实现环保投入率适度化，本质上是研究参与环保投入的政府与市场主体在何种环境下能够做出有利于环保投入率适度化的行为选择。

本章构建的策略存在三个博弈主体：股权投资公司、商业银行以及政府，其中，股权投资公司更倾向于投资高风险高回报的环保企业，而商业银行更倾向于投资低风险重资产的传统企业。由于市场资金对环保产业的绿色信贷不足，因此政府需要对环保企业直接投资，带动产业发展。这也是当前中国政府环保投入过剩、市场环保投入不足的体现。因此，本章构建的环保投入率适度化策略需要解决三个问题：第一，如何引导商业银行提高对环保企业的绿色信贷？第二，如何减少政府对环保企业的直接投资？第三，如何确保上述调整对传统企业的增长负面影响较小，以实现经济建设与环境保护的系统发展？

图 7 -1 反映了以上策略中股权投资公司、商业银行与政府三方的行为。实线部分代表针对环保企业、以商业银行为突破口的市场环保投入率提高策略：股权投资公司对环保企业投资，商业银行在政府的引导下以一定比例向环保企业贷款；政府将一部分贷款提前返还商业银行；环保企业在项目结束后向政府和商业银行归还全部贷款本息，并向股权投资公司支付股权收益。这部分策略的目的在于通过政府对商业银行的流动性补偿，提高商业银行发放绿色信贷的积极性，从而提高市场环保投入率。

虚线部分代表针对传统企业、以股权投资公司为突破口的政府环保投入率降低策略：商业银行向传统企业贷款，股权投资公司向传统企业投资；政府将原本用于环保企业的投资转投入传统企业；项目结束后传统企业向商业银行归还贷款本息，而股权投资公司获得股权收益。这部分策略的目的在于政府降低环保投入率的同时，与股权投资公司共同补充商业银行减少的对传统企业的资金支持。

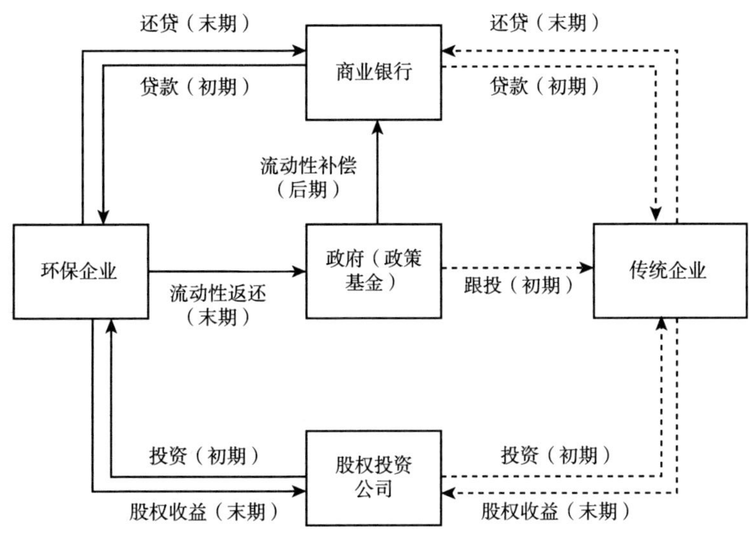

图7－1　环保投入率适度化策略

7.1.2　策略基本假设

基于上述背景以及目标，环保投入率适度化策略具有如下假设：

假设1：高风险的环保企业和低风险的传统企业的初始价值均为1，向股权投资公司和商业银行募资以提升企业价值。股权投资公司可投入的资金总量为M，商业银行可投入的资金总量为N。

假设2：如果项目成功，企业价值＝企业初始价值×价值提升乘数，投贷联动时，所有机构的价值提升乘数将相加。股权投资公司对环保企业的价值提升乘数为μ，对传统企业的价值提升乘数为δ；商业银行对环保企业的价值提升乘数为γ，对传统企业的价值提升乘数为λ，政府基金对环保企业的价值提升乘数为β，对传统企业的价值提升乘数为ω。如果项目失败，企业价值不变[①]。

① 实际情况中，投资失败的企业可能价值降低很多，但不影响本模型的主要结论。为便于讨论，做此简化。

假设 3：环保企业项目成功的概率为 P，传统企业项目成功的概率为 Q。因环保企业涉及新技术，项目的成功概率更低，故 $0<P<Q<1$。

假设 4：股权投资公司的目标在于获得股权增值，更倾向于投资高风险高增长的环保企业，其效用形式为：U = 投资总额 ×（企业价值提升乘数 - 1）× 项目成功率 - 投资总额。因此股权投资公司存在两种决策：一是单一投资，将全部资金都投入环保企业项目，且不参与传统企业项目，概率为 x；二是混合投资，将一部分资金 m（$m<M$）投入低风险的传统企业，剩余自有资金投入高风险的环保企业，概率为 $1-x$。如果项目成功，股权投资公司获得的股权回报 = 投入资金量 ×（企业价值提升乘数 - 1）。如果项目失败，股权投资公司损失全部投资且无股权回报。

假设 5：商业银行的目标在于项目成功后收回贷款本息，更倾向于向低风险、增长稳定且有资产质押的传统企业提供贷款，其效用形式为：U = 贷款总额 ×（1 + 利率）× 项目成功率 - 贷款总额 + 政府补贴。因此商业银行存在两种决策：一是单一贷款，将全部资金都投入低风险的传统企业，概率为 y；二是混合贷款，将其中一部分资金 n（$n<N$）投入高风险的环保企业，剩余资金投入低风险的传统企业，概率为 $1-y$。在没有政府干预的情况下，如果传统企业的项目成功，商业银行将以贷款利率 R 收回贷款本息；如果环保企业的项目成功，则贷款利率需增加风险溢价 α；如果项目失败则损失全部贷款。

假设 6：政府的目标在于通过调整对传统企业和环保企业的信贷结构，实现经济增长与环境质量改善，其效用形式为：U = 产出变化 × 环境质量变化 - 政府补贴，为简化讨论，假设产出变化即为传统企业的价值变化，而环境质量变化即为环保企业的价值变化。政府初始的环保投入率为 T，其有两种决策：

一是主动引导，概率为 z，包括两方面内容：第一，为激励商业银行投资环保企业，政府承诺在项目期间持续向商业银行归还一定比例 η 的贷款本息，项目成功后环保企业将剩余 $1-\eta$ 的贷款本息归还商业银行，将 η 的贷款本息归还政府。这样即使环保企业项目失败，商业银行也能够保证一定比例的资金返还，降低了银行的流动性风险。银行对环保企业的贷款利率降低为 $r<R$，从而减少环保企业和政府的还款压力。第二，为激励股权投资公司投资传统企业，政府承诺将占比为 t（$t<T$）的政府基金投入传统企业，进一步提升传统企业价值，使股权投资公司的收益增加。

二是维持现状，概率为 $1-z$，即不提供指导意见，由股份投资公司和商业银行通过市场行为自行确定对环保企业和传统企业的投资。政府不向银行提供流动性补偿，而政府环保投入率将保持 T 不变。

根据上述假设，股份投资公司、商业银行与政府的收益矩阵如表7－1所示。

表7－1　　　　　　环保投入率适度化策略收益矩阵

股权投资公司	政府			
	主动引导（z）		维持现状（$1-z$）	
	商业银行		商业银行	
	单一贷款（y）	混合贷款（$1-y$）	单一贷款（y）	混合贷款（$1-y$）
单一投资（x）	$F_{11}/F_{21}/F_{31}$	$F_{12}/F_{22}/F_{32}$	$F_{13}/F_{23}/F_{33}$	$F_{14}/F_{24}/F_{34}$
混合投资（$1-x$）	$F_{15}/F_{25}/F_{35}$	$F_{16}/F_{26}/F_{36}$	$F_{17}/F_{27}/F_{37}$	$F_{18}/F_{28}/F_{38}$

其中，F_{ij}代表决策者 i 在情况 j 下的收益，$i=1$ 代表股权投资公司，$i=2$ 代表商业银行，$i=3$ 代表政府，具体表达式如表7－2所示。

表7－2　　　　　　环保投入率适度化策略收益函数

情况	股权投资公司（F_1）	商业银行（F_2）	政府（F_3）
1	$PM(\mu-1)-M$	$QN(1+R)-N$	$PQ(\mu-1)(\lambda+\omega-1)$
2	$PM(\mu+\gamma-1)-M$	$Q(N-n)(1+R)+n[(1-\eta)P+\eta](1+r)-N$	$PQ(\mu+\gamma-1)(\lambda+\omega-1)-\eta n(1-P)(1+r)$
3	$PM(\mu+\beta-1)-M$	$QN(1+R)-N$	$PQ(\mu+\beta-1)(\lambda-1)$
4	$PM(\mu+\gamma+\beta-1)-M$	$Q(N-n)(1+R)+Pn(1+R+\alpha)-N$	$PQ(\mu+\gamma+\beta-1)(\lambda-1)$

续表

情况	股权投资公司（F_1）	商业银行（F_2）	政府（F_3）
5	$P(M-m)(\mu-1)+Qm(\delta+\lambda+\omega-1)-M$	$QN(1+R)-N$	$PQ(\mu-1)(\delta+\lambda+\omega-1)$
6	$P(M-m)(\mu+\gamma-1)+Qm(\delta+\lambda+\omega-1)-M$	$Q(N-n)(1+R)+n[(1-\eta)P+\eta](1+r)-N$	$PQ(\mu+\gamma-1)(\delta+\lambda+\omega-1)-\eta n(1-P)(1+r)$
7	$P(M-m)(\mu+\beta-1)+Qm(\delta+\lambda-1)-M$	$QN(1+R)-N$	$PQ(\mu+\beta-1)(\delta+\lambda-1)$
8	$P(M-m)(\mu+\gamma+\beta-1)+Qm(\delta+\lambda-1)-M$	$Q(N-n)(1+R)+Pn(1+R+\alpha)-N$	$PQ(\mu+\gamma+\beta-1)(\delta+\lambda-1)$

7.2 环保投入率适度化策略均衡分析

7.2.1 各博弈主体的演化稳定策略

令E_1、E_2、E_3分别代表股权投资公司、商业银行以及政府的平均期望收益，根据表7－1和表7－2的结果分别讨论这三方的演化稳定策略。

1. 股权投资公司的演化稳定策略

股权投资公司单一投资的期望收益为：

$$\begin{aligned} E_{11} &= z[yF_{11}+(1-y)F_{12}]+(1-z)[yF_{13}+(1-y)F_{14}] \\ &= M\{P[(1-y)\gamma+(1-z)\beta+(\mu-1)]-1\} \end{aligned} \tag{7-1}$$

混合投资的期望收益为：

$$\begin{aligned} E_{12} &= z[yF_{15}+(1-y)F_{16}]+(1-z)[yF_{17}+(1-y)F_{18}] \\ &= P(M-m)[(1-y)\gamma+(1-z)\beta+(\mu-1)] \\ &\quad +Qm[(\delta+\lambda-1)+z\omega]-M \end{aligned} \tag{7-2}$$

故股权投资公司的平均期望收益为：

$$E_1 = xE_{11} + (1-x)E_{12} \tag{7-3}$$

股权投资公司的复制动态方程为：

$$\begin{aligned}\frac{dx}{d\tau} &= F(x) = x(E_{11} - E_1) = x(1-x)(E_{11} - E_{12}) \\ &= x(1-x)m\{P[(1-y)\gamma + (1-z)\beta + (\mu - 1)] \\ &\quad - Q[(\delta + \lambda - 1) + z\omega]\}\end{aligned} \tag{7-4}$$

若 $P[(1-y)\gamma + (1-z)\beta + (\mu-1)] - Q[(\delta+\lambda-1)+z\omega]=0$，那么无论 x 的初始取值为多少，股权投资公司都不会改变它的决策；否则，令 $F(x)=0$ 可以得到 $x=0$ 和 $x=1$ 两个可能的演化均衡点。对 $F(x)$ 求导可以得到：

（1）若 $y > y_0 = 1 - [z(Q\omega + P\beta) + Q(\delta+\lambda-1) - P(\mu+\beta-1)]/P\gamma$，则 $\dot{F}(x=0)<0$，$\dot{F}(x=1)>0$，采取混合投资是股权投资公司的演化稳定策略。

（2）若 $y < y_0$，则 $\dot{F}(x=0)>0$，$\dot{F}(x=1)<0$，采取单一投资的策略是股权投资公司的演化稳定策略。

因此，三方博弈最终实现股权投资公司采取混合投资策略的累计概率分布（见图7－2）为：

$$P_{PE} = \iint_0^1 (1-y_0)\,dz\,dx = \frac{Q(\delta+\lambda+\omega/2-1) - P(\mu+\beta/2-1)}{P\gamma} \tag{7-5}$$

在图7－2中，曲面ABCD代表 y_0，右上方代表股权投资公司向混合投资演化的概率分布，左下方代表其向单一投资演化的概率分布。

由式（7－5）不难发现：第一，$\partial P_{PE}/\partial Q>0$，$\partial P_{PE}/\partial P>0$，表明传统企业的项目成功率越高，或者环保企业的项目成功率越低，股权投资公司越有动机参与对传统企业的投贷联动，以降低项目失败的损失。第二，

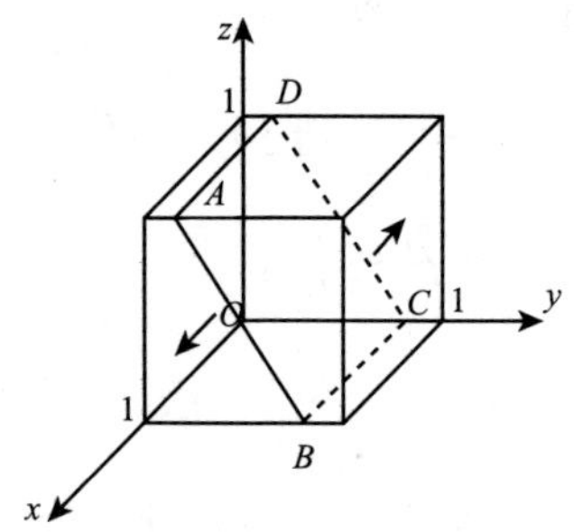

图 7-2　三方博弈时股权投资公司的决策动态演化

$\partial P_{PE}/\partial\mu>0$，$\partial P_{PE}/\partial\gamma>0$，$\partial P_{PE}/\partial\beta>0$，$\partial P_{PE}/\partial\delta>0$，$\partial P_{PE}/\partial\lambda>0$，$\partial P_{PE}/\partial\omega>0$，表明股权投资公司、商业银行以及政府对环保企业的价值提升乘数越低，或者对传统企业的价值提升乘数越高，股权投资公司越有动机参与对传统企业的投贷联动，从而获得更高的股权收益。

结合有利于经济发展的基本约束，上述结论可以建立如下命题：

命题 1：通过增强政府和金融机构对传统企业的价值提升力度，以及筛选甄别更优质的传统企业项目，将促使股权投资公司更积极地参与对传统企业的投贷联动。

2. 商业银行的演化稳定策略

商业银行单一贷款的期望收益为：

$$\begin{aligned}E_{21}&=z[xF_{21}+(1-x)F_{25}]+(1-z)[xF_{23}+(1-x)F_{27}]\\&=QN(1+R)-N\end{aligned}\tag{7-6}$$

混合贷款的期望收益为：

$$\begin{aligned}E_{22}&=z[xF_{22}+(1-x)F_{26}]+(1-z)[xF_{24}+(1-x)F_{28}]\\&=Q(N-n)(1+R)-N+n\{z[(1-\eta)P+\eta](1+r)\\&\quad+(1-z)P(1+R+\alpha)\}\end{aligned}\tag{7-7}$$

故商业银行的平均期望收益为：

$$E_2 = yE_{21} + (1-y)E_{22} \tag{7-8}$$

商业银行的复制动态方程为：

$$\begin{aligned}\frac{dy}{d\tau} &= F(y) = y(E_{21} - E_2) = y(1-y)(E_{21} - E_{22}) \\ &= y(1-y)n\{Q(1+R) - (1-z)P(1+R+\alpha) \\ &\quad - z(1+r)[(1-\eta)P + \eta]\}\end{aligned} \tag{7-9}$$

如果 $Q(1+R)-(1-z)P(1+R+\alpha)-z(1+r)[(1-\eta)P+\eta]=0$，那么无论初始的 y 是多少，商业银行都不会改变它的决策；否则，令 $F(y)=0$ 可以得到 $y=0$ 和 $y=1$ 两个可能的演化均衡点。对 $F(y)$ 求导可以得到以下四种情况：

（1）当 $(1+r)[(1-\eta)P+\eta]>P(1+R+\alpha)>Q(1+R)$ 时，始终有 $\dot{F}(y=0)<0$，$\dot{F}(y=1)>0$，因此 $y=0$ 是唯一的演化稳定均衡点。其含义是，如果政府主动引导时给予商业银行的流动性补偿足够高，并且政府维持现状时商业银行对环保企业贷款的风险溢价也足够高，那么商业银行将有意愿对环保企业增加信贷。

（2）当 $(1+r)[(1-\eta)P+\eta]<P(1+R+\alpha)<Q(1+R)$ 时，始终有 $\dot{F}(y=0)>0$，$\dot{F}(y=1)<0$，因此 $y=1$ 是唯一的演化稳定均衡点，这与情况（1）正好相反，无论是政府的流动性补偿，还是对环保企业贷款的风险溢价都相对较低，因此商业银行不会对环保企业增加信贷。

（3）$P(1+R+\alpha)>Q(1+R)$ 且 $P(1+R+\alpha)>(1+r)[(1-\eta)P+\eta]$ 时，政府的流动性补偿较低，但对环保企业贷款的风险溢价较高，因此当 $z<z_0=\dfrac{P(1+R+\alpha)-Q(1+R)}{P(1+R+\alpha)-(1+r)[(1-\eta)P+\eta]}$ 时 $\dot{F}(y=0)<0$，$\dot{F}(y=1)>0$，$y=0$ 是唯一的演化稳定均衡点。其含义是，政府维持现状时商业银行将自行向环保企业贷款，但贷款利率较高；政府主动引导将适得其反，商业银行将选择向传统企业单一贷款。

（4）当 $P(1+R+\alpha)<Q(1+R)$ 且 $P(1+R+\alpha)<(1+r)[(1-\eta)P+$

η] 时，这与情况（3）正好相反，此时政府的流动性补偿很高，但市场中环保企业的风险溢价较低。因此当 $z > z_0$ 时 $\dot{F}(y=0) < 0$，$\dot{F}(y=1) > 0$，政府通过主动引导使商业银行以较低的利率向环保企业提供了信贷，这与目前国内大多数绿色信贷采取利率优惠的情况是一致的。因此，这种情况下商业银行混合贷款的累计概率分布（见图 7－3）为：

$$P_{bank} = \iint_0^1 (1 - z_0)\,\mathrm{d}x\mathrm{d}y = \frac{(1+r)[(1-\eta)P+\eta] - Q(1+R)}{(1+r)[(1-\eta)P+\eta] - P(1+R+\alpha)} \qquad (7-10)$$

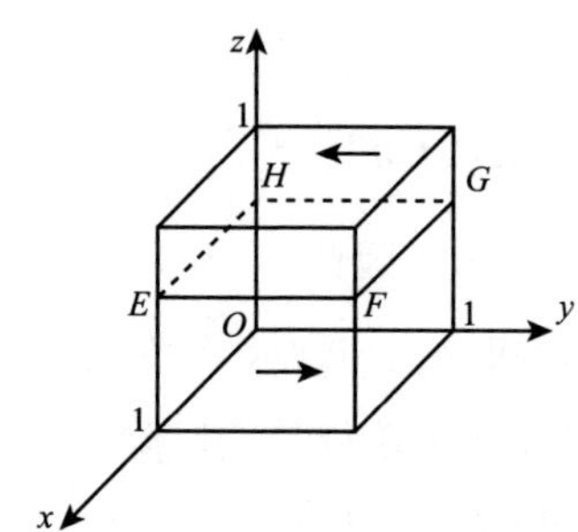

图 7－3　三方博弈时商业银行的决策动态演化

在图 7－3 中，曲面 EFGH 代表 z_0，上方代表在政府主动引导下，商业银行向混合贷款演化的概率分布，下方代表其向单一贷款演化的概率分布。

由式（7－10）不难得到：第一，$\partial P_{bank}/\partial Q < 0$，$\partial P_{bank}/\partial P > 0$，表明环保企业项目的成功率越高、传统企业项目的成功率越低，则商业银行越倾向对环保企业贷款。第二，$\partial P_{bank}/\partial \eta > 0$，$\partial P_{bank}/\partial r > 0$，表明政府对商业银行的流动性补偿越高，商业银行越倾向对环保企业贷款。第三，$\partial P_{bank}/\partial \alpha > 0$，表明市场对环保企业的风险溢价越高，意味着向环保企业发放贷款的获利也越高，这将促使商业银行更积极地对环保企业贷款。第四，$\partial P_{bank}/\partial R < 0$，表明当利率 R 下降时，商业银行对传统企业的贷款收益下降，而对环保企业贷款的风险溢价和政府的流动性补偿对商业银行的

收益相对提高，因此商业银行更倾向于对环保企业投资。

结合有利于经济发展的基本约束，根据上述结论可以建立如下命题：

命题2：通过甄别筛选足够优质的环保企业项目，提高政府对商业银行的流动性补偿，以及降低对传统企业的贷款利率，将促使商业银行更积极地参与对环保企业的投贷联动。

3. 政府的演化稳定策略

政府主动引导的期望收益为：

$$\begin{aligned} E_{31} &= x[yF_{31} + (1-y)F_{32}] + (1-x)[yF_{35} + (1-y)F_{36}] \\ &= PQ[(1-y)\gamma + (\mu-1)][(\lambda+\omega-1) + (1-x)\delta] \\ &\quad - (1-y)\eta n(1-P)(1+r) \end{aligned} \tag{7-11}$$

维持现状的期望收益为：

$$\begin{aligned} E_{32} &= x[yF_{33} + (1-y)F_{34}] + (1-x)[yF_{37} + (1-y)F_{38}] \\ &= PQ[(1-y)\gamma + (\mu+\beta-1)][(\lambda-1) + (1-x)\delta] \end{aligned} \tag{7-12}$$

故政府的平均期望收益为：

$$E_3 = zE_{31} + (1-z)E_{32} \tag{7-13}$$

政府的复制动态方程为：

$$\begin{aligned} \frac{dz}{d\tau} &= F(z) \\ &= z(E_{31} - E_3) \\ &= z(1-z)(E_{31} - E_{32}) \\ &= z(1-z)\{PQ[(1-y)\gamma\omega + \omega(\mu-1) - \beta(\lambda-1) \\ &\quad - (1-x)\delta\beta] - (1-y)\eta n(1-P)(1+r)\} \end{aligned} \tag{7-14}$$

若 $PQ[(1-y)\gamma\omega + \omega(\mu-1) - \beta(\lambda-1) - (1-x)\delta\beta] - (1-y)\eta n(1-P)(1+r) = 0$，那么无论初始的 z 是多少，政府都不会改变它的决策；否则，令 $F(z)=0$ 可以得到 $z=0$ 和 $z=1$ 两个可能的演化均衡点。对 $F(z)$

求导可以得到：

（1）如果 $x > x_0 = 1 - \frac{(1-y)[\gamma\omega - \eta n(1-P)(1+r)/(PQ)] + [\omega(\mu-1) - \beta(\lambda-1)]}{\delta\beta}$，则可以得到 $\dot{F}$（$z=1$）<0，$\dot{F}$（$z=0$）>0，主动引导是政府的演化稳定策略。

（2）如果 $x < x_0$，有 $\dot{F}$（$z=0$）<0，$\dot{F}$（$z=1$）>0，维持现状是政府的演化稳定策略。

因此，三方博弈最终实现政府采取主动引导策略的累计概率分布（见图7－4）为：

$$
\begin{aligned}
P_{gov} &= \iint_0^1 (1 - x_0)\,\mathrm{d}x\mathrm{d}y \\
&= \frac{[\gamma\omega - \eta n(1-P)(1+r)/(PQ)]/2 - [\omega(\mu-1) - \beta(\lambda-1)]}{\delta\beta}
\end{aligned}
\tag{7-15}
$$

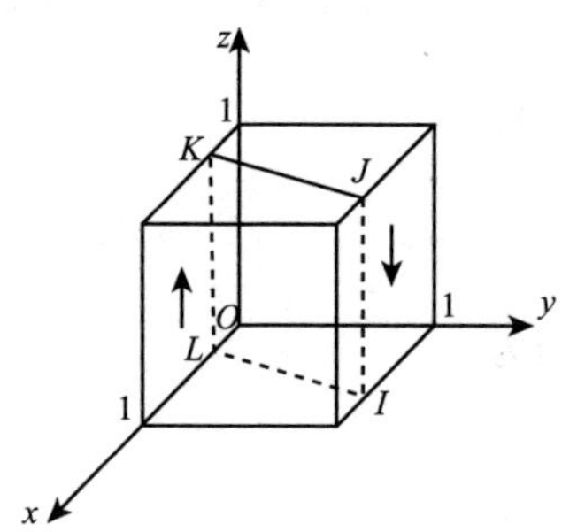

图7－4　三方博弈时政府的决策动态演化

在图7－4中，曲面IJKL代表 x_0，右后方代表政府向维持现状演化的概率分布，左前方代表其向主动引导演化的概率分布。

由式（7－15）不难得到：第一，$\partial P_{gov}/\partial P>0$，$\partial P_{gov}/\partial Q>0$，表明无论环保企业还是传统企业的项目成功率提高，政府都将更倾向于主动引导投贷联动，而不是维持现状等待股权投资公司与商业银行自发开展投贷联动。第二，$\partial P_{gov}/\partial\gamma>0$，$\partial P_{gov}/\partial\mu>0$，$\partial P_{gov}/\partial\omega>0$，$\partial P_{gov}/\partial\delta<0$，

$\partial P_{gov}/\partial\beta<0$，$\partial P_{gov}/\partial\lambda<0$，表明金融机构对环保企业的价值提升乘数以及政府对传统企业的价值提升乘数越高，政府越倾向于主动引导投贷联动。因为一方面能够为环保企业吸引更多的银行信贷，提高市场环保投入率，另一方面能够将原本用于环保产业的政府基金投入传统企业，降低政府环保投入率。第三，$\partial P_{gov}/\partial\eta<0$，$\partial P_{gov}/\partial n<0$，$\partial P_{gov}/\partial r<0$，表明当商业银行在政府指导下对环保企业贷款时，贷款利率越低、政府的担保份额越少，则政府越倾向于主动引导。

结合有利于经济发展的基本约束，上述结论可以建立如下命题：

命题3：项目风险越低，金融机构对环保企业、政府对传统企业的价值提升力度越大，以及政府对商业银行的流动性补偿压力越低，政府将越积极地引导股权投资公司与商业银行的投贷联动，以实现政府环保投入率降低、市场环保投入率提高的环保投入率适度化目标。

7.2.2 三方博弈的演化结果分析

通过上文对三个博弈主体的演化稳定均衡条件的分析，可以看到每一方的决策都受到其他两方的影响，因此一般情况下不存在三方演化稳定策略，参数初始情况的细微差别将可能导致整个系统朝完全不同的方向演化。然而，可以通过对参数进行调整，使博弈的方向尽可能向预期目标演化。在本模型中，预期最优的演化结果为股权投资公司、商业银行在政府引导下开展投贷联动，此时商业银行将在政府的流动性补偿下以低利率为环保企业提供绿色信贷，而政府基金将协助股权投资公司对传统企业进行投资，从而实现政府环保投入率下降、市场环保投入率提高的环保投入率适度化目标；预期次优的演化结果为股权投资公司、商业银行自行开展投贷联动，其中商业银行将以高利率向环保企业贷款，而政府将通过基金扶持环保企业，这将提高市场环保投入率，但政府环保投入率并未明显降低。为进一步讨论哪些参数变化能实现上述两个目标，表7-3总结了各参数对P_{PE}、P_{bank}和P_{gov}的影响。

表 7-3 主要参数对P_{PE}、P_{bank}和P_{gov}的影响

参数	成功率		价值提升乘数						流动性补偿				
	P	Q	μ	γ	δ	λ	β	ω	R	r	α	η	n
P_{PE}	-	+	-	-	+	+	-	+	0	0	0	0	0
P_{bank}	+	-	0	0	0	0	0	0	-	+	+	+	0
P_{gov}	+	+	+	+	-	-	-	+	0	-	0	-	-
一致性	23	13	N	N	N	N	13	13	N	N	N	N	N
排异性	12 13	12 23	13	13	13	13	N	N	N	23	N	23	23

在表 7-3 中，全部参数分为“成功率”“价值提升乘数”以及“流动性补偿”三类。“+”代表某参数与其对应的概率分布正相关，“-”代表某参数与其对应的概率分布负相关，“0”代表某参数与其对应的概率分布不相关。“一致性”是指当某个参数发生变化时，可以同时提高或降低至少两个概率分布；“排异性”是指某个参数发生变化时，有两个概率分布的变化相反，这种一致性和排异性是采取相应政策措施的依据。用数字“1”代表P_{PE}，“2”代表P_{bank}，“3”代表P_{gov}，则“12”代表该参数对P_{PE}和P_{bank}的影响是一致或排异的，以此类推；“N”代表该参数不存在一致性或排异性。根据表 7-3 可以得到以下一些结论：

第一，从商业银行和政府的角度来看，只有参数 P 对P_{bank}与P_{gov}的影响具有一致性，而参数 Q、r、η、n 对P_{bank}与P_{gov}的影响具有排异性。由此可见，提高环保企业项目的成功率能够降低商业银行向环保企业贷款的风险，也能够减轻政府引导商业银行投贷联动的压力，从而提高市场环保投入率。否则政府就必须为商业银行提供充足的流动性补偿，如果这种补偿对政府造成过高的财政压力，政府就将放弃主动引导转向维持现状，在缺少政府引导的情况下，商业银行迫于环保企业项目的高风险也将逐渐退出投贷联动，导致市场环保投入率无法提高。

第二，从股权投资公司和政府的角度来看，参数 Q、ω、β 对P_{PE}与P_{gov}的影响具有一致性，其中，传统企业项目的成功率提高将促进股权投

资公司对传统企业进行投资，以及政府采取主动引导策略，但它们会导致商业银行对环保企业的投资意愿下降，不利于市场环保投入率提高；政府对环保企业的价值提升乘数下降、对传统企业的价值提升乘数上升，都将提高股权投资公司对传统企业的投资意愿，以及政府的主动引导意愿，并且不会降低商业银行对环保企业的投资意愿。参数 P、μ、δ、γ、λ 对P_{PE}与P_{gov}的影响具有排异性，这意味着股权投资公司和政府的决策不仅受其自身因素的影响，也受到商业银行因素的间接影响。

值得一提的是，表 7 - 3 所反映的一致性与排异性是一种静态结果，实际上博弈各方在演化过程中不仅受这些参数的影响，而且受到博弈各方实时变化的决策分布 x、y、z 与决策临界点 x_0、y_0、z_0 相对大小的影响。参数是决策分布的起因，而决策分布的相对大小将决定最终的演化结果。仅仅通过上述静态分析得到的结论可能并不完全准确，因此接下来将通过数据仿真的形式对博弈演化过程进行动态分析，从而更准确地找到实现环保投入率适度化的条件。

7.3　环保投入率适度化策略仿真分析

本节采用 Matlab 软件对上述演化博弈进行仿真分析，讨论在不同的初始状态和参数取值下，博弈各方能否演化到最优目标或次优目标。假设初始状态下，$x=0.6$，$y=0.6$，$z=0.4$，即多数股权投资公司倾向于单一投资于环保企业，多数商业银行倾向于只向传统企业贷款，而政府倾向于不干涉股权投资公司和商业银行的投资决策。环保企业项目成功的概率 $P=0.5$，传统企业项目成功的概率 $Q=0.6$。股权投资公司的资金总量 $M=0.5$，对传统企业的投资量 $m=0.1$；商业银行的信贷总量 $N=10$，对环保企业的贷款量 $n=0.5$，贷款利率 $R=0.1$、$r=0.05$，风险溢价 $\alpha=0.02$；政府初始的环保投入率 $T=5\%$，其最多将 $t=3\%$ 的政府基金转投入传统企业。股权投资公司、商业银行、政府基金对环保企业的价值提升乘数分别为$\mu=1.6$，$\gamma=1.3$，$\beta=1.6$；对传统企业的价值提升乘数分别为$\delta=1.5$，$\lambda=1.2$，$\omega=1.1$。政府主动引导时向商业银行还款的比重$\eta=0.5$。

记上述参数假设为初始条件Ⅰ，三方博弈的演化结果及政府与市场的环保投入率如图7-5所示。可以看到，股权投资公司单一投资的概率x和商业银行单一贷款的概率y逐渐上升到1，而政府主动引导的概率z逐渐下降到0。这意味着在经过多次重复博弈后，全部股权投资公司都将只投资环保企业，全部商业银行将只向传统企业贷款，而政府将不对金融机构的决策进行引导，并将政府基金投入环保企业。最终政府环保投入率保持在5.00%，而市场环保投入率仅为4.65%。这正是当前中国环保投入率存在的问题：政府环保投入率较高，而市场环保投入率不足，环保企业难以获得银行贷款，主要资金来源是股权投资公司与政府基金。为改变这一现状，下面将从项目成功率、价值提升乘数和流动性补偿三个方面探讨不同参数对演化结果和环保投入率的影响。

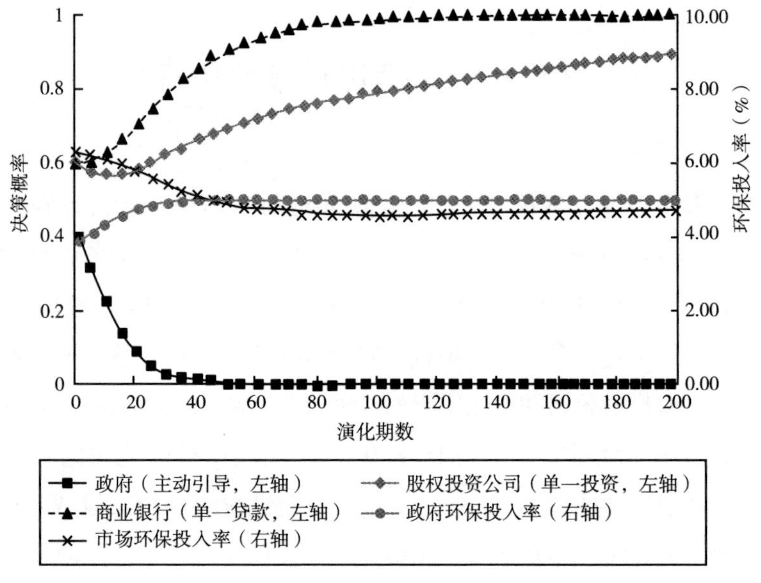

图7-5　初始条件Ⅰ下三方演化结果及环保投入率

7.3.1　项目成功率对演化结果及环保投入率的影响

首先讨论项目成功率 P 和 Q 对演化结果及环保投入率的影响，结果反映在图7－6中。可以看到，当传统企业项目成功的概率 Q 由0.6上升到0.9时（见图7－6a、图7－6b），由于投资传统企业的期望收益提高，所有的股权投资公司都逐渐采取混合投资策略，将一部分资金用于投资传统企业。但商业银行与政府的最终决策都没有发生变化，所有的商业银行都选择了对传统企业的单一投资，而政府也选择维持现状。由此可见，股权投资公司与商业银行的演化结果是符合预期的，但政府并未像预期一样演化到主动引导策略，原因是在 x 下降到0的过程中始终有 $x<x_0$，因此维持现状是政府的演化稳定策略。导致 $x<x_0$ 的原因在于股权投资公司、商业银行对环保企业的价值提升乘数，以及政府对传统企业的价值提升乘数偏低，或者政府对商业银行的流动性补偿偏高，这使得商业银行和政府都没有动力改变其决策。最终政府环保投入率仍保持在5.00%，而市场环保投入率反而继续下降到3.81%，比初始情况更加恶化。

环保企业项目 P 提升后的结果也是类似的。在 $Q=0.9$ 的情况下，如果环保企业项目成功的概率 P 从0.5提升到0.85（见图7－6c和图7－6d），可以看到博弈各方的决策出现了不稳定的波动，但大部分股权投资公司仍选择单一投资、银行仍选择单一贷款，而政府更倾向于不主动引导。最终政府环保投入率在4.00%～5.00%的范围波动，市场环保投入率回升到4.68%，但相比初始情况仍未有明显改善。这表明，当金融机构对环保企业的价值提升能力较弱，或者政府对传统企业的价值提升能力较弱，或者政府对补偿商业银行流动性的压力较大时，仅通过提高项目成功率的方法并不能实现环保投入率适度化的目标。

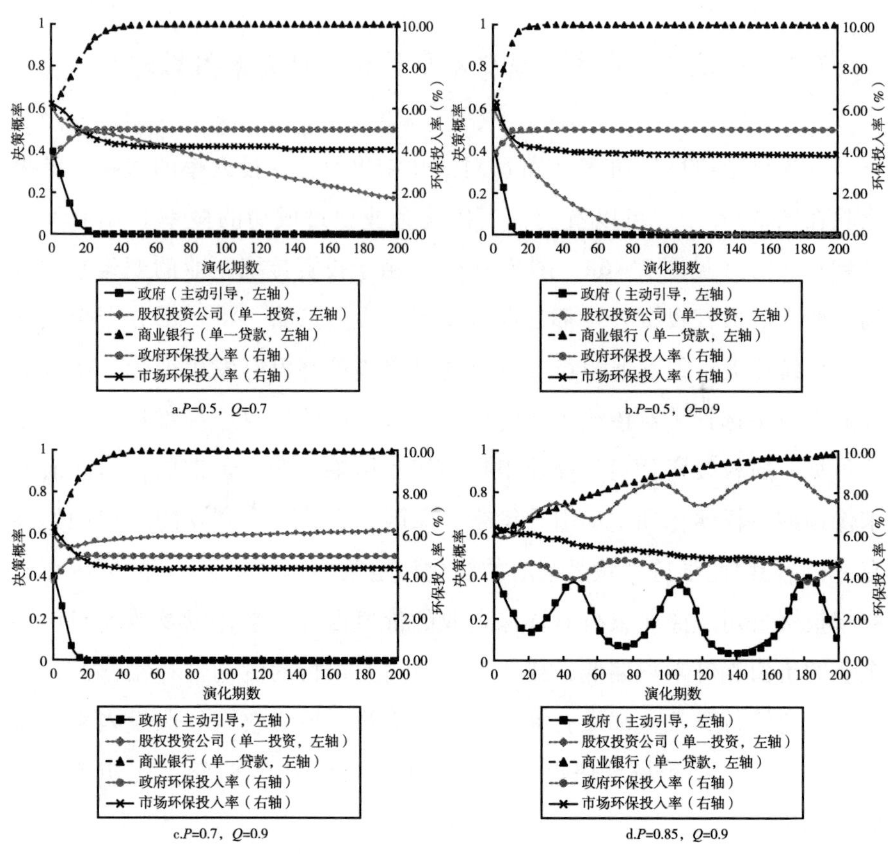

图 7－6　项目成功率对演化结果及环保投入率的影响

7.3.2　价值提升乘数对演化结果及环保投入率的影响

接下来讨论价值提升乘数对演化结果及环保投入率的影响，结果反映在图 7－7 中，其中，图 7－7a 和图 7－7b 分别反映股权投资公司对环保企业、传统企业的价值提升乘数 μ、δ 提高后的结果；图 7－7c 和图 7－7d 反映商业银行对环保企业、传统企业的价值提升乘数 γ、λ 提高后的结果；图 7－7e 和图 7－7f 分别反映政府对环保企业、传统企业的价值提升乘数 β、ω 提高后的结果。

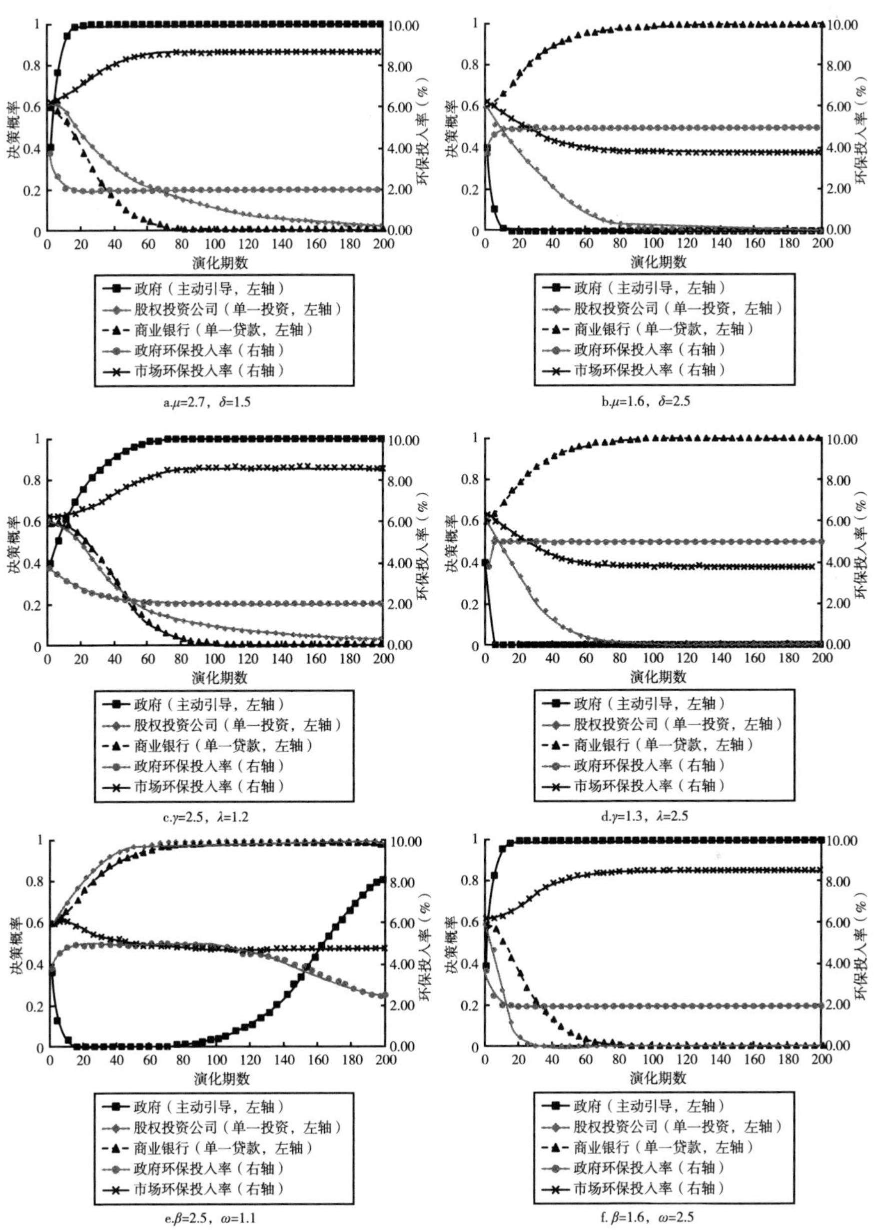

图7-7　价值提升乘数对演化结果及环保投入率的影响

由图7－7可以看到，实现环保投入率适度化的路径有三条：一是提高股权投资企业对环保企业的价值提升乘数μ（见图7－7a），最终政府环保投入率下降到2.00%，市场环保投入率上升到8.59%；二是提高商业银行对环保企业的价值提升乘数γ（见图7－7c），最终政府环保投入率下降到2.00%，市场环保投入率上升到8.60%；三是提高政府对传统企业的价值提升乘数ω（见图7－7f），最终政府环保投入率下降到2.00%，市场环保投入率上升到8.57%。前两条路径意味着随着市场资金对环保企业价值提升力度的提高，环境质量也逐渐改善，政府基金继续投入环保企业的边际效用将下降，因此政府更倾向于将基金投入传统企业；第三条路径意味着随着政府基金对传统企业价值的提升力度提高，将政府基金用于传统企业而非环保企业的边际效用将更高，因此政府也将更倾向于主动引导市场资金对环保企业进行投资。最终，通过博弈三方相互影响的正反馈作用，实现环保投入率适度化目标。

相反，提高股权投资公司对传统企业的价值提升乘数δ（见图7－7b）、商业银行对传统企业的价值提升乘数λ（见图7－7d）以及政府对环保企业的价值提升乘数β（见图7－7e）并不能实现三方博弈向最优目标演化。在前两种情况下，股权投资公司将积极地参与对传统企业的投贷联动，但商业银行和政府都不会改变原本的决策，最终政府环保投入率保持在5.00%，而市场环保投入率下降到3.81%；在第三种情况下，尽管政府逐渐采取了主动引导的策略，但并未能改变股权投资公司和商业银行单一投资/贷款的现状，最终政府环保投入率下降到2.51%，而市场环保投入率保持在4.76%。由此可见，尽管提高价值提升乘数对企业与经济的发展都是有利的，但最终演化结果却存在显著差异。为达成环保投入率适度化目标，金融机构应提高对环保企业的投资管理，而政府则应提高对传统企业的扶持，通过相互协调的分工合作，共同推动政府与市场的环保投入率向适度化演进。

7.3.3 流动性补偿对演化结果及环保投入率的影响

下面讨论政府对商业银行的流动性补偿对演化结果及环保投入率的影响。由于在初始参数假设下，一旦金融机构对环保企业、政府对传统企业的价值提升乘数足够高，那么流动性补偿就是充足的，因此下文将以流动性补偿充足、三方博弈已达到最优目标为出发点，讨论随着流动性补偿的压力增加，三方博弈的演化结果变化。假设 $\mu=2$，$\gamma=1.8$，其他参数取值与初始条件Ⅰ相同，将其记为初始条件Ⅱ，三方演化结果如图7－8所示。此时博弈各方已达到最优目标，政府环保投入率为2.19%，市场环保投入率为8.58%。

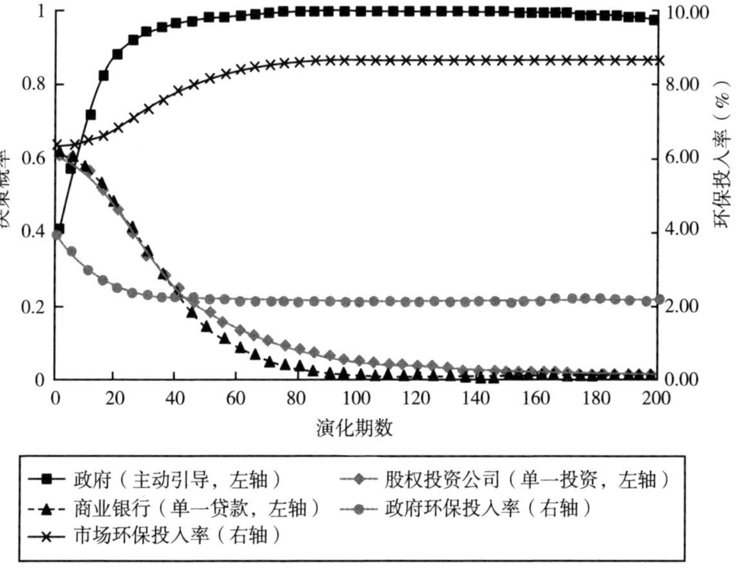

图7－8　初始条件Ⅱ下三方演化结果及环保投入率

在初始条件Ⅱ下，首先讨论还款比重 η 的提高对博弈演化结果及环保投入率的影响，结果如图7－9a、图7－9b所示。可以看到当 η 提升到0.7时，三方博弈结果没有发生显著变化，而当 η 进一步提升到0.9之后，政府的主动引导决策在一段时间（140期）后开始转向维持现状，演化过程发生了明显的波动，政府环保投入率回升到4.49，但市场环保投入率仍保持在8.65%。显然，政府承担的还款比重过高导致财政压力较大，无法长期维持对商业银行的流动性补偿；但由于市场利率和风险溢价较高，即使政府主动引导的意愿下降，商业银行仍向环保企业发放了一部分贷款，因此达到了市场环保投入率适度化的目标。

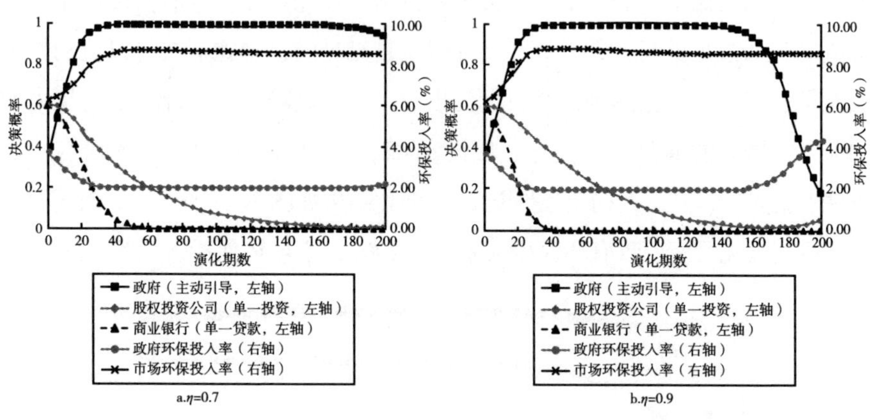

图7-9　还款比重对博弈演化结果及环保投入率的影响

接下来讨论绿色信贷利率r的提高对博弈演化结果及环保投入率的影响（见图7-10）。可以看到，即使r从0.05提升到0.2乃至0.5，对博弈演化结果的影响均不显著，各方仍保持在最优目标上。因此绿色信贷利率并不是达成环保投入率适度化目标的主要影响因素。

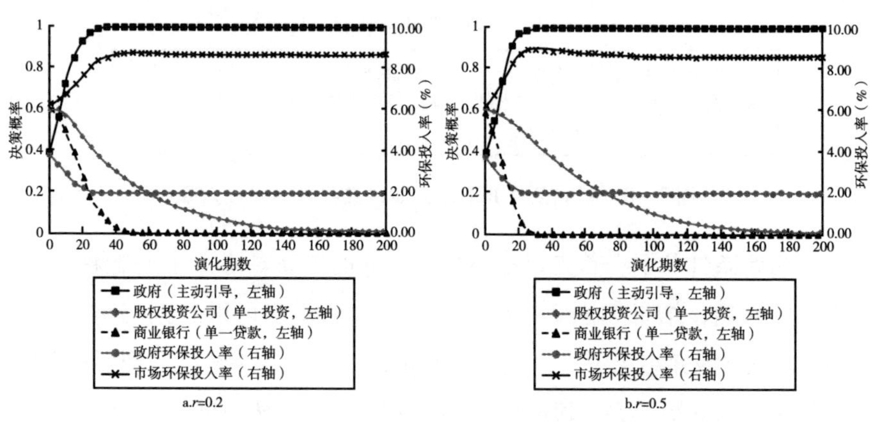

图7-10　绿色信贷利率对博弈演化结果及环保投入率的影响

研究绿色信贷量 n 的提高对演化结果及环保投入率的影响时不难发现，当 n 提高到1.5时（见图7－11a），情况与图7－9b类似，此时政府对商业银行的流动性补偿已存在一定压力，因而在主动引导和维持现状之间摇摆，政府环保投入率也在2%～3%之间波动；但由于银行的绿色信贷总量提高，因此市场的环保投入率上升到18.45%附近，出现了一定程度的过剩。当 n 进一步提高到2时（见图7－11b），政府因无法维持过高的流动性补偿而放弃了主动引导，商业银行也因此转向对传统企业的单一贷款，股权投资公司也因政府基金的退出而向单一投资倾斜，最终政府环保投入率提升到4.57%，而市场环保投入率回落到4.49%。由此可见，潜在的绿色信贷总量即使很高，如果没有合理有效的政策支持，也很可能无法顺利流向环保企业。因此需要建立更有效的合作机制，找到政府与市场的利益平衡点，避免环保投入率适度化政策矫枉过正。

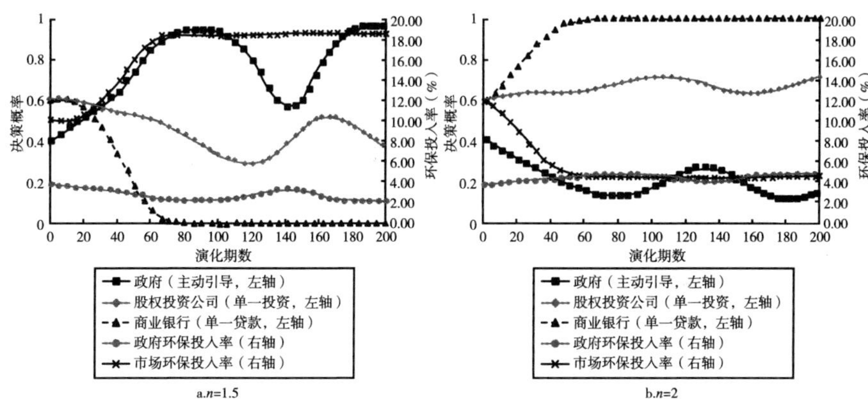

图7－11　绿色信贷量对博弈演化结果及环保投入率的影响

最后，讨论环保企业项目成功率 P 的下降对演化结果及环保投入率的影响（见图7－12）。尽管项目成功率并未直接影响政府对商业银行提供的流动性补偿总量，但它影响了政府从环保企业收回贷款的总量，因此也会间接影响政府的决策。可以看到，当 P 从0.5下降到0.48（见图7－12a）时，政府因环保企业违约率提高导致流动性补偿压力增加，出现了一定程度的政策摇摆，但政府、市场的环保投入率仍分别维持在2.35%、8.59%

的适度水平上；当 P 进一步从0.48下降到0.45（见图7-12b）时，政府放弃主动引导选择维持现状，股权投资公司与商业银行均采取单一投资/贷款的策略，政府、市场的环保投入率重新回到5.00%、4.60%。这一结果是对上文结论的补充，表明当金融机构对环保企业的价值提升能力较强，或者政府对传统企业的价值提升能力较强时，提高环保企业的项目成功率能够减轻政府对商业银行的流动性补偿压力，使政府更积极地采取主动引导，从而实现环保投入率适度化的目标。

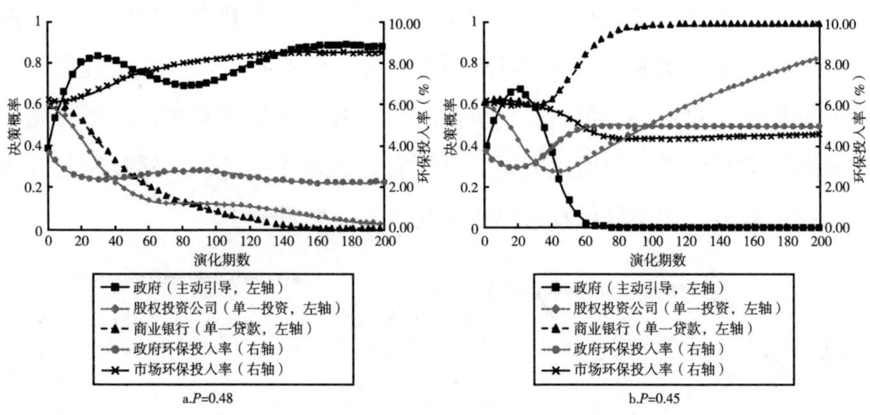

图7-12　项目成功率对演化结果及环保投入率的影响

7.3.4　环保投入率适度化策略仿真结果总结

以上仿真分析结果可以总结为表7-4。

表7-4　环保投入率适度化策略运行效果

参数		初始值	调整值	政府环保投入率（%）	市场环保投入率（%）	是否达成适度化目标
初始条件Ⅰ				5.00	4.65	否
项目成功率	Q	0.6	0.9	5.00	3.81	否
	P	0.5	0.85	4.00~5.00	4.68	否

续表

参数		初始值	调整值	政府环保投入率（%）	市场环保投入率（%）	是否达成适度化目标
价值提升乘数	μ	1.6	2.7	2.00	8.59	是
	δ	1.5	2.5	5.00	3.81	否
	γ	1.3	2.5	2.00	8.60	是
	λ	1.2	2.5	5.00	3.81	否
	β	1.6	2.5	2.51	4.76	是
	ω	1.1	2.5	2.00	8.57	是
初始条件Ⅱ				2.19	8.58	是
流动性补偿	η	0.5	0.9	4.49	8.65	政府未达成 市场达成
	r	0.05	0.5	2.00	8.58	是
	n	0.5	2	4.57	4.49	否
	P	0.5	0.45	5.00	4.60	否

根据表7-4给出的数据，可以得到如下结论：

第一，通过投贷联动策略实现环保投入率适度化的必要条件之一是金融机构对环保企业以及政府对传统企业具有足够高的价值提升能力，这使得政府与市场在经济增长和环境保护之间具有更充分的权衡空间。因此，金融机构特别是商业银行需要提高对环保企业的投融资管理能力，建立专业的经理人团队与环保企业展开长期合作，对项目的事前筛选、事中管理、事后评估进行有效监督，充分发挥金融业对实体经济的扶持作用；政府则应逐渐减少对环保企业的资金投入，更注重引导市场资金进入环保企业，将有限的财政资金投入对传统产业的改造升级中，通过与市场的合作，共同推动中国的环保投入率适度化和绿色经济更高效地增长。

第二，通过投贷联动策略实现环保投入率适度化的必要条件之二是政府对商业银行提供合理的流动性补偿。所谓的合理是指流动性补偿既能够降低商业银行投资环保企业的风险，也不会对政府造成过高的财政压力。因此，政府与商业银行建立长效的政银合作机制，选择合适的流动性补偿比重，共同甄别筛选优质、高成功率的环保企业项目；同时，商业银行也应避免过量的信贷投放导致的资源浪费和配置扭曲。

7.4 本章小结

本章建立了一种政府引导、股权投资公司和商业银行参与的投贷联动策略，以实现中国环保投入率的适度化。策略一方面引导商业银行的信贷资金更多地流向环保产业，特别是流向具有高技术、高成长性但高风险的科技类中小环保企业，从而提高市场的环保投入率，另一方面引导政府的财政资金流向传统产业，从而降低政府的环保投入率。引入股权投资公司的意义在于进一步优化传统企业的融资结构，从而推动绿色经济更有效的增长。通过对各博弈主体的演化均衡分析论证了可能的演化结果，并通过数据仿真分析论证了策略运行效果，以及实现环保投入率适度化的必要条件。本章的研究为中国环保投入率适度化提供了一种具有实操性的策略。

第8章

研究结论与政策建议

8.1 主要研究结论

在资源逐渐匮乏、环境压力不断加剧的今天，发展绿色经济已经成为全世界大多数国家的共识。那么，在当前中国经济增长趋于放缓、资源约束加剧的情况下，是否存在实现经济建设与环境保护协同发展的适度环保投入率？针对这一问题，本书首先基于环境库兹涅茨曲线假说，实证检验了中国29个省份的四种主要污染物及其合成的环境污染综合指数与GDP增长率之间的关联性，从而判别了中国适度环保投入率的存在性。随后，本书从理论与实证两方面论证并测算了政府和市场相互协调下的适度环保投入率。最后，基于现实与理论的分歧以及中国环保产业的发展现状，本书构建了一种推动环保投入率适度化的投贷联动策略。通过本书的研究，主要得到以下结论：

第一，四种主要污染物与环境污染综合指数的环境库兹涅茨曲线均呈现倒U型特征。不同的污染物具有的时空依赖特征并不一致，这与污染物的形成与扩散方式有关，但总体而言，各类污染物均存在时间惯性，这意味着当前对环境的破坏会对未来造成更严重的负面影响，因此透支未来、竭泽而渔的发展模式是不可取的，可持续发展是必要的也是必须的。废气、废水等污染物具有显著的空间溢出性，因此以邻为壑的发展模式同样不可取，需要建立区域合作机制协调发展，共同解决环境问题。从拐点位置来看，实现经济与环境质量共同提高的人均 GDP 需要超过 6 万元/人（2004 年价格），目前大部分省市的人均 GDP 远低于这一拐点。因此，理论上存在适度的环保投入率，以实现经济建设与环境保护协同发展。

第二，中国的绿色 GDP 占传统 GDP 的比重为 70% ~75%，表明当前中国经济的发展仍以较高的资源消耗和环境污染为代价。实现绿色 GDP 增长率最高的政府适度环保投入率约为 2.22%，而市场适度环保投入率约为 8.20%，并且政府与市场的环保投入具有相互协调的挤出效应。与现实情况相比，大部分省份的政府环保投入过剩，而市场环保投入不足。因此，为了实现绿色经济更有效率的增长，应采取相应的措施降低政府在环保产业方面的投入，并提高金融机构在环保产业方面的投入，实现资源更有效率的配置。

第三，国家中心城市战略的启动有利于市场环保投入率提高，并以此为中介影响了政策地区的清洁生产技术水平、清洁能源利用程度，从而促进了当地的绿色经济发展。这一政策效果在经济发达、金融市场完善的东部城市更加明显，但国家中心城市战略对政府环保投入率的影响有限。

第四，由政府主导、股权投资公司和商业银行共同参与的投贷联动策略能够推动中国环保投入率的适度化。为实现这一目标，一方面，金融机构对环保企业的价值提升力度与政府对传统企业的价值提升力度必须足够高；另一方面，政府需要对商业银行提供合理的流动性补偿。因此，政府和金融机构在发展绿色经济的过程中需各司其职，充分发挥金融行业对实体经济的支撑作用，以及政府对市场资源的优化配置作用，从而实现中国经济的绿色、高质量、可持续发展。

8.2 政策建议

中国经济已全面迈向高质量发展的新阶段。党的二十大报告阐述了中国式现代化是人与自然和谐共生的现代化，减少经济建设对生态环境的破坏、构建人与自然和谐发展的社会，不仅是中国未来发展的愿景，更是使命。基于上述研究结论，本书提出以下三点政策建议：

第一，继续大力推进环境保护与治理的市场化，逐步减少政府在环境保护与治理方面的大规模、主导型投入，特别是以基础设施建设为代表的政府投入，更大程度地发挥市场对环保产业的要素配置功能，以需求为导向，避免将环保产业做成“面子工程”“形象工程”，更避免运动式、“一刀切”的污染治理。在全球经济形势不明朗、国内外经济环境复杂的当下，中国更应坚持经济的绿色高质量发展，坚持以市场为主体的经济发展模式，减少资源的过度投入与浪费。

第二，政府应发挥市场监督者和规则制定者的作用，构建有利于绿色金融发挥作用的市场机制。以碳排放权交易市场为代表的环境容量产权交易制度是非常典型的案例。从 2014 年碳排放权交易试点启动后的运行情况来看，总体成效是比较成功的，试点地区的高排放企业通过排放权交易以及碳金融融资等方式降低了碳排放，提升了清洁生产技术，为经济的绿色高质量发展打下了基础。目前，全国碳排放权交易市场已经启动，标志着这一政策由地方性政策向全国性政策的转变，以及地方性市场向全国性市场的统一，这正是政府让位于市场的成功实践。未来应继续完善环境容量产权交易制度，建立更多种类、更多层次的产权交易市场。此外，应建立跨区域的协同减排机制，以粤港澳大湾区、京津冀城市圈、长三角城市圈、成渝城市圈等城市圈为基础，由发达城市对口欠发达城市承担产业转移过程中的减排成本，提高欠发达城市的经济发展质量，再逐步扩大区域协同范围，最终实现全国范围的经济高质量发展。

第三，促进环保产业与数字经济融合，实现环保产业向高端化、智能化的转型升级。从现有研究情况来看，目前中国环保产业的整体发展水平仍相对较低，处于初级再加工阶段，这将阻碍经济的绿色转型。目前国内数字经济正如火如荼地发展，对于环保产业而言这是实现向高端化、智能化转型升级的重要契机。这其中有几个值得关注的点：一是通过人工智能、数字传感器等技术优化生产流程，实现生产各环节的节能增效，减少生产过程中的浪费与污染排放；二是通过大数据、云计算等技术精准识别消费者需求，帮助企业合理规划生产方案，实现供求精准匹配，从而将传统的大规模、批量化的粗放式生产向小规模、个性化的精准式生产转变，这也将提升企业的生产效率，减少资源浪费；三是通过人工智能、区块链、大数据等技术对能源产业进行转型升级，减少工业生产对化石能源的过度依赖，转而使用清洁的风电、光伏、核电等能源。总而言之，通过环保产业与数字经济的融合发展，实现整个产业的技术革新，从而推动中国经济的绿色高质量发展。

参考文献

[1] UNEP. 迈向绿色经济：通往可持续发展和消除贫困的各种途径——面向决策者的综合报告 [DB/OL]. https：//wedocs. unep. org/bitstream/handle/20. 500. 11822/22027/GER _ synthesis _ zh. pdf? sequence = 7&isAllowed = y.

[2] UNSD. 环境经济核算体系 2012 中心框架 [DB/OL]. http：//seea. un. org/，2012.

[3] 北京师范大学科学发展观与经济可持续发展研究基地，西南财经大学绿色经济与经济可持续发展研究基地，国家统计中国经济景气控制中心. 2010 中国绿色发展指数年度报告——省际比较 [M]. 北京：北京师范大学出版社，2010.

[4] 蔡绍洪，魏媛，刘明显. 西部地区绿色发展水平测度及空间分异研究 [J]. 管理世界，2017 (6)：174 -175.

[5] 曹东，赵学涛，杨威杉. 中国绿色经济发展和机制政策创新研究 [J]. 中国人口·资源与环境，2012，22 (5)：48 -54.

[6] 柴晶霞. 绿色金融影响宏观经济增长的机制与路径分析 [J]. 生态经济，2018，34 (9)：56 -60.

[7] 陈立铭，郭丽华，张伟伟. 我国绿色信贷政策的运行机制及实施路径 [J]. 当代经济研究，2016 (1)：91 -96.

[8] 陈林，伍海军. 国内双重差分法的研究现状与潜在问题 [J]. 数量经济技术经济研究，2015，32 (7)：133 -148.

[9] 陈晓光. 财政压力、税收征管与地区不平等 [J]. 中国社会科

学，2016（4）：53－70，206.

［10］程丽辉，卢山冰，陈丁．中国国家中心城市综合交通枢纽发展策略研究［J］．西安财经大学学报，2020，33（5）：62－70.

［11］崔鑫生，韩萌，方志．动态演进的倒“U”型环境库兹涅茨曲线［J］．中国人口·资源与环境，2019，29（9）：74－82.

［12］戴铁军，张沛．基于物质流分析的北京市绿色 GDP 核算［J］．生态经济，2016，32（8）：129－134.

［13］丁继红，年艳．经济增长与环境污染关系剖析——以江苏省为例［J］．南开经济研究，2010（2）：64－79.

［14］丁杰．绿色信贷政策、信贷资源配置与企业策略性反应［J］．经济评论，2019（4）：62－75.

［15］丁攀，李凌，曾建中．主动承担社会与环境责任是否降低了银行风险［J］．金融经济学研究，2022，37（5）：145－160.

［16］杜建国，王玥，赵爱武．智慧城市建设对城市绿色发展的影响及作用机制研究［J］．软科学，2020，34（9）：59－64.

［17］杜鹏，夏斌，杨蕾．国家中心城市智能化发展评价指标体系研究［J］．科技进步与对策，2013，30（6）：108－112.

［18］段婕，张鹏，董晓宇．我国节能环保产业发展问题及其对策研究［J］．经济研究导刊，2018（11）：58－65.

［19］范莉莉，褚媛媛．企业环保支出、政府环保补助与绿色技术创新［J］．资源开发与市场，2019，35（1）：20－25.

［20］冯海波，方元子．地方财政支出的环境效应分析——来自中国城市的经验考察［J］．财贸经济，2014（2）：30－43，74.

［21］冯慧娟，裴莹莹，罗宏，等．论我国环保产业的区域布局［J］．中国环保产业，2016（3）：12－15.

［22］高红贵，赵路．长江经济带产业绿色发展水平测度及空间差异分析［J］．科技进步与对策，2019，36（12）：46－53.

［23］葛林，黄海峰，王美昌．“两高”和新能源产业的绿色信贷信

用风险研究——基于 KMV 模型的经验数据检验［J］. 数学的实践与认识，2016，46（1）：18－26.

［24］郭朝先，刘艳红，杨晓琰，等. 中国环保产业投融资问题与机制创新［J］. 中国人口·资源与环境，2015，25（8）：92－99.

［25］郭建卿，李孟刚. 我国节能环保产业发展难点及突破策略［J］. 经济纵横，2016（6）：52－56.

［26］郭捷，杨立成. 环境规制、政府研发资助对绿色技术创新的影响——基于中国内地省级层面数据的实证分析［J］. 科技进步与对策，2020，37（10）：37－44.

［27］郭丽英，雷敏，刘晓琼. 基于能值分析法的绿色 GDP 核算研究——以陕西省商洛市为例［J］. 自然资源学报，2015，30（9）：1523－1533.

［28］郭志强，吕斌. 国家中心城市竞争力评价［J］. 城市问题，2018（11）：28－36.

［29］何枫，马栋栋，祝丽云. 中国雾霾污染的环境库兹涅茨曲线研究——基于 2001～2012 年中国 30 个省市面板数据的分析［J］. 软科学，2016，30（4）：37－40.

［30］何凌云，梁宵，杨晓蕾，等. 绿色信贷能促进环保企业技术创新吗［J］. 金融经济学研究，2019，34（5）：109－121.

［31］何玉梅，吴莎莎. 基于资源价值损失法的绿色 GDP 核算体系构建［J］. 统计与决策，2017（17）：5－10.

［32］胡鞍钢，李春波. 新世纪的新贫困：知识贫困［J］. 中国社会科学，2001（3）：70－81.

［33］胡鞍钢，周绍杰. 绿色发展：功能界定、机制分析与发展战略［J］. 中国人口·资源与环境，2014，24（1）：14－20.

［34］黄家宝. 水资源价值及资源水价测算的探讨［J］. 广东水利水电，2004（5）：13－14，17.

［35］黄羿，杨蕾，王小兴，等. 城市绿色发展评价指标体系研

究——以广州市为例［J］. 科技管理研究, 2012 (17): 55－59.

［36］霍强, 李贵云."一带一路"视角下沿边省份绿色发展指数研究［J］. 生态经济, 2018, 34 (10): 52－56.

［37］姜楠. 环保财政支出有助于实现经济和环境双赢吗?［J］. 中南财经政法大学学报, 2018 (1): 95－103.

［38］金雨泽, 黄贤金. 基于资源环境价值视角的江苏省绿色GDP核算实证研究［J］. 地域研究与开发, 2014, 33 (4): 131－135.

［39］康年, 顾倩雯, 宋波. 基于三阶段DEA模型的国家中心城市制造企业创新效率研究［J］. 科技管理研究, 2019 (8): 9－14.

［40］雷明. 绿色国内生产总值 (GDP) 核算［J］. 自然资源学报, 1998, 13 (4): 320－326.

［41］类骁, 韩伯棠. 环境规制、产业集聚与贸易绿色技术溢出门槛效应研究［J］. 科技管理研究, 2019 (17): 220－225.

［42］李虹, 熊振兴. 生态占用、绿色发展与环境税改革［J］. 经济研究, 2017 (7): 124－138.

［43］李琳, 楚紫穗. 我国区域产业绿色发展指数评价及动态比较［J］. 经济问题探索, 2015 (1): 68－75.

［44］李楠, 于金. 政府环保政策对企业技术创新的影响［J］. 世界科技研究与发展, 2016, 38 (5): 932－936.

［45］李鹏涛. 中国环境库兹涅茨曲线的实证分析［J］. 中国人口·资源与环境, 2017, 27 (5): 22－24.

［46］李强, 施滢波. 市场激励型环境规制与企业环保投资——考虑地方政府竞争的调节作用［J］. 会计之友, 2020 (9): 51－58.

［47］李树. 市场主导型环保产业发展中政府的作用研究［J］. 经济纵横, 2015 (1): 20－23.

［48］李爽. R&D强度、政府支持度与新能源企业的技术创新效率［J］. 软科学, 2016, 30 (3): 11－14.

［49］李向前, 曾莺. 绿色经济——21世纪经济发展新模式［M］. 成

都：西南财经大学出版社，2001.

[50] 李毅，单鹏，周金城．长江经济带发展战略对经济和环境的影响——基于SCM方法的试验证据 [J]. 软科学，2022，36 (3)：24-32.

[51] 李兆亮，罗小锋，张俊飚，等．基于能值的中国农业绿色经济增长与空间收敛 [J]. 中国人口·资源与环境，2016，26 (11)：150-159.

[52] 李治国，车帅，王杰．国家中心城市建设的绿色发展效应研究——基于285个城市的准自然实验 [J]. 科技进步与对策，2021，38 (16)：29-36.

[53] 林美顺．清洁能源消费、环境治理与中国经济可持续增长 [J]. 数量经济技术经济研究，2017 (12)：3-21.

[54] 刘冰，张磊．山东绿色发展水平评级及对策探析 [J]. 经济问题探索，2017 (7)：141-152.

[55] 刘海英，丁莹．环境补贴能实现经济发展与治污减排的双赢吗？——基于隐性经济的视角 [J]. 西安交通大学学报（社会科学版），2019，39 (5)：83-91.

[56] 刘海英，王殿武，尚晶．绿色信贷是否有助于促进经济可持续增长——基于绿色低碳技术进步视角 [J]. 吉林大学社会科学学报，2020，60 (3)：96-105.

[57] 刘华军，裴延峰．我国雾霾污染的环境库兹涅茨曲线检验 [J]. 统计研究，2017，34 (3)：45-54.

[58] 刘华军，杨骞．环境污染、时空依赖与经济增长 [J]. 产业经济研究，2014 (1)：81-91.

[59] 刘瑞明，赵仁杰．国家高新区推动了地区经济发展吗？——基于双重差分方法的验证 [J]. 管理世界，2015 (8)：30-38.

[60] 刘思华．绿色经济论——经济发展理论变革与中国经济再造 [M]. 北京：中国财政经济出版社，2001.

[61] 刘帷韬．我国国家中心城市营商环境评价 [J]. 中国流通经济，

2020，34（9）：79－88.

［62］刘相锋，王磊．地方政府补贴能够有效激励企业提高环境治理效率吗［J］．经济理论与经济管理，2019（6）：55－69.

［63］刘志红．微观计量方法在公共政策效应评估中的应用研究［M］．北京：中国财政经济出版社，2019.

［64］龙卫洋，季留才．基于国际经验的商业银行绿色信贷研究及对中国的启示［J］．经济体制改革，2013（3）：155－158.

［65］陆菊春，沈春怡．国家中心城市绿色创新效率的异质性及演变特征［J］．城市问题，2019（2）：21－28.

［66］吕敏，刘和祥，刘嘉莹．我国绿色税收政策对经济影响的实证分析［J］．税务研究，2018（11）：15－19.

［67］吕越，陆毅，吴嵩博，等．"一带一路"倡议的对外投资促进效应——基于2005—2016年中国企业绿地投资的双重差分检验［J］．经济研究，2019，54（9）：187－202.

［68］马丽梅，史丹．京津冀绿色协同发展进程研究：基于空间环境库兹涅茨曲线的再检验［J］．中国软科学，2017（10）：82－93.

［69］马萍，姜海峰．绿色信贷与社会责任——基于商业银行层面的分析［J］．当代经济管理，2009，31（6）：70－73.

［70］马士国．征收硫税对中国二氧化硫排放和能源消费的影响［J］．中国工业经济，2008（2）：20－30.

［71］马妍妍，俞毛毛．绿色信贷能够降低企业污染排放么？——基于双重差分模型的实证检验［J］．西南民族大学学报（人文社会科学版），2020（8）：116－127.

［72］欧阳艳艳，黄新飞，钟林明．企业对外直接投资对母国环境污染的影响：本地效应与空间溢出［J］．中国工业经济，2020（2）：98－116.

［73］潘峰，王琳．演化博弈视角下地方环境规制部门执法策略研究［J］．管理工程学报，2020，34（3）：65－73.

［74］潘峰，西宝，王琳．基于演化博弈的地方政府环境规制策略分析［J］．系统工程理论与实践，2015，35（6）：1393－1404.

［75］潘圣辉，吴信如．推动我国低碳经济发展的绿色税制体系探析［J］．税务研究，2012（9）：18－21.

［76］庞加兰，王薇，袁翠翠．双碳目标下绿色金融的能源结构优化效应研究［J］．金融经济学研究，2023，38（1）：129－145.

［77］祁毓，卢洪友，张宁川．环境质量、健康人力资本与经济增长［J］．财贸经济，2015（6）：124－135.

［78］钱水土，王文中，方海光．绿色信贷对我国产业结构优化效应的实证分析［J］．金融理论与实践，2018（1）：1－8.

［79］冉启英，张晋宁，杨小东．高铁开通提升了城市绿色发展效率吗——基于双重差分模型的实证检验［J］．贵州财经大学学报，2020（5）：100－110.

［80］邵帅，李嘉豪．"低碳城市"试点政策能否促进绿色技术进步——基于渐进双重差分模型的考察［J］．北京理工大学学报（社会科学版），2022，24（4）：151－162.

［81］沈晓艳，王广洪，黄贤金．1997－2013年中国绿色GDP核算及时空格局研究［J］．自然资源学报，2017，32（10）：1639－1650.

［82］石大千，丁海，卫平，等．智慧城市能否降低环境污染［J］．中国工业经济，2018（6）：117－135.

［83］石光，周黎安，郑世林．环境补贴与污染治理——基于电力行业的实证研究［J］．经济学（季刊），2016，15（4）：1439－1462.

［84］石华平，易敏利．环境规制对高质量发展的影响及空间溢出效应研究［J］．经济问题探索，2020（5）：160－175.

［85］石敏俊，刘艳艳．城市绿色发展：国际比较与问题透视［J］．城市发展研究，2013（5）：140－145.

［86］孙付华，刘海玉，张胜男．基于耕地资源价值的绿色GDP核算——以江苏省为例［J］．资源与产业，2019，21（3）：60－66.

[87] 孙付华，王朝霞，施文君．基于水资源资产价值的绿色 GDP 核算——以江苏省为例［J]．价格理论与实践，2018（4）：97－101.

[88] 孙攀，吴玉鸣，鲍曙明，等．经济增长与雾霾污染治理：空间环境库兹涅茨曲线检验［J]．南方经济，2019（12）：100－117.

[89] 孙一平，刘泽平，刘益冰，等．新能源示范城市建设对绿色全要素生产率的影响研究［J]．宏观经济研究，2022（11）：134－146.

[90] 孙颖．节能环保产业发展现状及政策建议［J]．中国能源，2018，40（12）：23－24，32.

[91] 谭静，张建华．碳交易机制倒逼产业结构升级了吗？——基于合成控制法的分析［J]．经济与管理研究，2018，39（12）：104－119.

[92] 田美玲，刘嗣明，朱媛媛．国家中心城市评价指标体系与实证［J]．统计与决策，2014（9）：37－39.

[93] 田淑英，董玮，许文立．环保财政支出、政府环境偏好与政策效应——基于省际工业污染数据的实证分析［J]．经济问题探索，2016（7）：14－21.

[94] 田泽，魏翔宇，丁绪辉．中国区域产业绿色发展指数评价及影响因素分析［J]．生态经济，2018，34（11）：103－108.

[95] 汪克亮，许如玉，张福琴，等．生态文明先行示范区建设对碳排放强度的影响［J]．中国人口·资源与环境，2022，32（7）：57－70.

[96] 汪泽波．城镇化过程中能源消费、环境治理与绿色税收——一个绿色内生经济增长模型［J]．云南财经大学学报，2016（2）：49－61.

[97] 王炳成，麻汕，马媛．环境规制、环保投资与企业可持续性商业模式创新——以股权融资为调节变量［J]．软科学，2020，34（4）：44－50.

[98] 王点，万波．中小银行投贷联动模式选择与实施路径研究［J]．经济研究导刊，2019（23）：147－149.

[99] 王建琼，董可．绿色信贷对商业银行经营绩效的影响——基于中国商业银行的实证分析［J]．南京审计大学学报，2019（4）：52－60.

[100] 王军，耿建．中国绿色经济效率的测算及实证分析［J］．经济问题，2014（4）：52 －55.

[101] 王军，李萍．绿色税收政策对经济增长的数量与质量效应——兼议中国税收制度改革的方向［J］．中国人口·资源与环境，2018，28（5）：17 －26.

[102] 王立猛，何康林．基于 STIRPAT 模型分析中国环境压力的时间差异——以 1952 －2003 年能源消费为例［J］．自然资源学报，2006，21（6）：862 －869.

[103] 王普查，孙冰雪．资源利用效率、环保投资对绿色 GDP 的影响研究［J］．生态经济，2018，34（4）：75 －79，92.

[104] 王冉，孙涛．基于超效率 DEA 模型的环境规制对中国区域绿色经济效率影响研究［J］．生态经济，2019，35（11）：131 －136.

[105] 王文涛，滕飞，朱松丽，等．中国应对全球气候治理的绿色发展战略新思考［J］．中国人口·资源与环境，2018，28（7）：1 －6.

[106] 王晓云，魏琦，胡贤辉．我国城市绿色经济效率综合测度及时空分异——基于 DEA-BCC 和 Malmquist 模型［J］．生态经济，2016，32（3）：40 －45.

[107] 王秀明，孟伟庆，李洪远．基于能值分析法的天津市绿色 GDP 核算［J］．生态经济，2011（2）：85 －89.

[108] 王遥，潘冬阳，张笑．绿色金融对中国经济发展的贡献研究［J］．经济社会体制比较，2016（6）：33 －42.

[109] 王雨飞，倪鹏飞．国家中心城市分功能评价与测度——基于多源采集数据［J］．社会科学研究，2020（3）：31 －42.

[110] 温丽琴，石凌江，周璇．双向 FDI 协调发展、绿色创新与环境规制——基于绿色创新中介效应研究［J］．经济问题，2023（1）：44 －51.

[111] 温忠麟，张雷，侯杰泰，等．中介效应检验程序及其应用［J］．心理学报，2004，36（5）：614 －620.

[112] 吴士炜，余文涛．环境税费、政府补贴与经济高质量发展——

基于空间杜宾模型的实证研究［J］. 宏观质量研究，2018，6（4）：18 -31.

［113］肖滢，卢丽文. 资源型城市工业绿色转型发展测度——基于全国108个资源型城市的面板数据分析［J］. 财经科学，2019（9）：86 -98.

［114］谢婷婷，刘锦华. 绿色信贷如何影响中国经济增长［J］. 中国人口·资源与环境，2019，29（9）：83 -90.

［115］徐胜，赵欣欣，姚双. 绿色信贷对产业结构升级的影响效应分析［J］. 上海财经大学学报，2018，20（2）：59 -72.

［116］徐晓亮. 清洁能源补贴改革对产业发展和环境污染影响研究——基于动态CGE模型分析［J］. 上海财经大学学报，2018，20（5）：44 -57，86.

［117］徐雪，罗勇. 中国城市的绿色转型与繁荣［J］. 经济与管理研究，2012（9）：118 -121.

［118］薛晨晖，危平. 基于博弈模型的我国商业银行绿色信贷策略研究［J］. 金融理论与实践，2020（5）：75 -81.

［119］阳国亮，程皓，欧阳慧. 国家中心城市建设能促进区域协同增长吗［J］. 财经科学，2018（5）：90 -104.

［120］杨丹辉，李红莉. 基于损害和成本的环境污染损失核算——以山东省为例［J］. 中国工业经济，2010（7）：125 -135.

［121］杨龙，胡晓珍. 基于DEA的中国绿色经济效率地区差异与收敛分析［J］. 经济学家，2010（2）：46 -54.

［122］杨文举. 基于DEA的绿色经济增长核算：以中国地区工业为例［J］. 数量经济技术经济研究，2011（1）：19 -34.

［123］杨晓冬，张家玉. 既有建筑绿色改造的PPP模式研究：演化博弈视角［J］. 中国软科学，2019（3）：183 -192.

［124］杨志，张洪国. 气候变化与低碳经济、绿色经济、循环经济之辨析［J］. 广东社会科学，2009（6）：34 -42.

［125］殷培伟，许军，谢攀. 民航业对国家中心城市集聚辐射效应的影响研究［J］. 云南财经大学学报，2022（1）：25 -39.

［126］英国贸工部．我们能源的未来：创建低碳经济［DB/OL］．www.dti.gov.uk/publications，2003.

［127］余长林，杨惠珍．分权体制下中国地方政府支出对环境污染的影响——基于中国287个城市数据的实证分析［J］．财政研究，2016（7）：46－58.

［128］俞会新，王怡博，孙鑫涛，等．政府规制与环境非政府组织对污染减排的影响研究［J］．软科学，2019，33（6）：79－83.

［129］袁鹏，程施．中国工业环境效率的库兹涅茨曲线检验［J］．中国工业经济，2011（2）：79－88.

［130］曾翔，沈继红．江浙沪三地城市大气污染物排放的环境库兹涅茨曲线再检验［J］．宏观经济研究，2016（6）：121－131.

［131］曾煜，陈旦．供给侧改革背景下绿色信贷的制度创新［J］．江西社会科学，2016（4）：48－52.

［132］张广海，邢澜．我国绿色金融对旅游业高质量发展——基于省级面板数据的空间计量分析［J］．经济问题探索，2022（12）：52－68.

［133］张欢，罗畅，成金华，等．湖北省绿色发展水平测度及其空间关系［J］．经济地理，2016，36（9）：158－165.

［134］张军，吴桂英，张吉鹏．中国省际物质资本存量估算：1952—2000［J］．经济研究，2004（10）：35－44.

［135］张晓娣，刘学悦．征收碳税和发展可再生能源研究——基于OLG-CGE模型的增长及福利效应分析［J］．中国工业经济，2015（3）：18－30.

［136］张莹，刘波．我国发展绿色经济的对策选择［J］．开放导报，2011（5）：73－76.

［137］张长江，张玥．绿色信贷能提高商业银行绩效吗？——基于绿色声誉的中介效应［J］．金融发展研究，2019（7）：70－76.

［138］张钟元，李腾，马强．金融集聚对城市绿色经济效率的门槛效应分析——基于我国九个国家中心城市统计数据［J］．技术经济与管理研

究，2020（3）：98－102.

［139］赵佳佳，李姝，王建林．中国财政环保资金的利用效率评估——经济与环境的双赢视角［J］．经济与管理研究，2020，41（1）：21－35.

［140］赵黎明，陈妍庆．环境规制、公众参与和企业环境行为——基于演化博弈和省级面板数据的实证分析［J］．系统工程，2018，36（7）：55－65.

［141］中国人民大学国家发展与战略研究院，中国人民大学首都发展与战略研究院．中国经济绿色发展报告［R］．人大国发院系列报告，2018.

［142］周国林，李耀尧，周建波．中小企业、科技管理与创新经济发展——基于中国国家高新区科技型中小企业成长的经验分析［J］．管理世界，2018（11）：188－189.

［143］周黎安，陈烨．中国农村税费改革的政策效果：基于双重差分模型的估计［J］．经济研究，2005（8）：44－53.

［144］朱春红，马涛．区域绿色产业发展效果评价研究［J］．经济与管理研究，2011（3）：64－70.

［145］诸大建．绿色经济新理念及中国开展绿色经济研究的思考［J］．中国人口·资源与环境，2012，22（5）：40－47.

［146］Abadie A，Diamond A，Hainmueller J. Comparative Politics and the Synthetic Control Method［J］. American Journal of Political Science，2015，59（2）：495－510.

［147］Abadie A，Diamond A，Hainmueller J. Synthetic Control Methods for Comparative Case Studies：Estimating the Effect of California's Tobacco Control Program［J］. Journal of the American Statistical Association，2010，105（490）：493－505.

［148］Abadie A，Gardeazabal J. The Economic Costs of Conflict：A Case Study of the Basque Country［J］. American Economic Review，2003，93

(1): 113 - 132.

[149] Ando M. Dreams of Urbanization: Quantitative Case Studies on the Local Impacts of Nuclear Power Facilities Using the Synthetic Control Method [J]. Journal of Urban Economics, 2015 (85): 68 - 85.

[150] Andreoni J, Levinson A. The Simple Analytics of the Environmental Kuznets Curve [J]. Journal of Public Economics, 2001, 80 (2): 269 - 286.

[151] Athey S, Imbens G. The State of Applied Econometrics: Causality and Policy Evaluation [J]. Journal of Economic Perspectives, 2017, 32 (2): 3 - 32.

[152] Beck T, Levine R, Levkov A. Big Bad Banks? The Winners and Losers from Bank Deregulation in the United States [J]. The Journal of Finance, 2010, 65 (5): 1637 - 1667.

[153] Bruyn S M, Bergh J C J M, Opschoor J B. Economic Growth and Emissions: Reconsidering the Empirical Basis of Environmental Kuznets Curves [J]. Ecological Economics, 1998, 25 (2): 161 - 175.

[154] Bruyu S M, Opschoor J B. Developments in the Throughput-Income Relationship: Theoretical and Empirical Observations [J]. Ecological Economics, 1997, 20 (3): 255 - 268.

[155] Card D. The Impact of the Mariel Boatlift on the Miami Labor Market [J]. Industrial and Labor Relations, 1990, 43 (2): 245 - 257.

[156] Charnes A, Cooper W W, Rhodes E. Measuring the Efficiency of Decision Making Units [J]. European Journal of Operational Research, 1978, 2 (6): 429 - 444.

[157] Copeland B R, Taylor M S. Trade, Growth and the Environment [R]. NEBR Working Paper No. 9823, 2003.

[158] Dasgupta S, Laplante B, Mamingi N. Pollution and Capital Market in Developing Countries [J]. Journal of Environmental Economics and Manage-

ment, 2001, 42 (3): 310 -355.

[159] Eren O, Ozbeklik S. What Do Right-to-Work Laws Do? Evidence from a Synthetic Control Method Analysis [J]. Journal of Policy Analysis and Management, 2016, 35 (1): 173 -194.

[160] Farzin Y H, Kort P M. Pollution Abatement Investment When Environmental Regulation Is Uncertain [J]. Journal of Public Economic Theory, 2000, 2 (2): 183 -212.

[161] Friedl B, Getzner M. Determinants of CO_2 Emissions in a Small Open Economy [J]. Ecological Economics, 2003, 45 (1): 133 -148.

[162] Gary W B, Shadbegian R J. Environmental Regulation, Investment Timing, and Technology Choice [J]. The Journal of Industrial Economics, 1998, 46 (2): 235 -256.

[163] Gawande K, Berrens R P, Bohara A K. A Consumption-Based Theory of the Environmental Kuznets Curve [J]. Ecological Economics, 2001, 37 (1): 101 -112.

[164] Gawande K, Bohara A K, Berrens R P, et al. Internal Migration and the Environmental Kuznets Curve for US Hazardous Waste Sites [J]. Ecological Economics, 2000, 33 (1): 151 -166.

[165] Grossman G M, Krueger A B. Economic Growth and the Environment [J]. The Quarterly Journal of Economics, 1995, 110 (2): 353 -377.

[166] Grossman G M, Krueger A B. Environmental Impacts of a North American Free Trade Agreement [R]. NBER Working Paper No. 3914, 1991.

[167] Hettige H, Mani M, Wheeler D. Industrial Pollution in Economic Development: the Environmental Kuznets CurveRevisited [J]. Journal of Development Economics, 2000, 62 (2): 445 -476.

[168] Jeucken M. Sustainable Banking and Finance—The Financial Sector and the Future of the Planet [M]. Earthscan, 2001.

[169] Jones L E, Manuelli R E. A Positive Model of Growth and Pollution

Controls [J]. NBER Working Paper No. 5205, 1995.

[170] Khandker S R, Bakht Z, Koolwal G B. The Poverty Impact of Rural Roads: Evidence from Bangladesh [R]. World Bank Policy Research Working Paper No. 3875, 2006.

[171] Kuznets S. Economic Growth and Income Inequality [J]. The American Economic Review, 1955, 45 (1): 1-28.

[172] Kwon T-H. Decomposition of Factors Determining the Trend of CO_2 Emissions from Car Travel in Great Britain (1970-2000) [J]. Ecological Economics, 2005, 53 (2): 261-275.

[173] Labatt S, White R R. Environmental Finance—A Guide to Environmental Risk Assessment and Financial Products [M]. John Wiley & Sons, 2002.

[174] Lantz V, Martinez-Espineira R. Testing the Environmental Kuznets Curve Hypothesis with Bird Populations as Habitat-Specific Environmental Indicators: Evidence from Canada [J]. Conservation Biology, 2008, 22 (2): 428-438.

[175] Linmark M. An EKC-Pattern in Historical Perspective: Carbon Dioxide Emissions, Technology, Fuel Prices and Growth in Sweden 1870-1997 [J]. Ecological Economics, 2002, 42 (1-2): 333-347.

[176] Lopez R. The Environment as a Factor of Production: The Effects of Economic Growth and Trade Liberalization [J]. Journal of Environment Economics and Management, 1994, 27 (2): 163-184.

[177] Lu W-M, Lo S-F. A Closer Look at the Economic-Environmental Disparities for Regional Development in China [J]. European Journal of Operational Research, 2007, 183 (2): 882-894.

[178] Maynard Smith J. The Theory of Games and the Evolution of Animal Conflict [J]. Journal of Theoretical Biology, 1974, 47 (1): 209-221.

[179] McConnell K E. Income and the Demand for Environmental Quality

[J]. Environment and Development Economics, 1997, 2 (4): 383 – 399.

[180] McGinty M. International Environmental Agreements as Evolutionary-Games [J]. Environmental and Resource Economics, 2010, 45 (2): 251 – 269.

[181] Nash J. Non-Cooperative Game [J]. Annals of Mathematics, 1951, 54 (2): 286 – 295.

[182] Odum H T. Environment Accounting: Emergy and Environmental Decision Making [M]. John Wiley & Sons, 1996.

[183] OECD. Towards Green Growth: Monitoring Progress—OECD Indicators [R]. OECD, 2011.

[184] Panayotou T. Demystifying the Environmental Kuznets Curve: Turning a Black Box into a Policy Tool [J]. Environment and Development Economics, 1997, 2 (4): 465 – 484.

[185] Panayotou T. Empirical Tests and Policy Analysis of Environmental Degradation at Different Stages of EconomicDevelopment [J]. WEPR Working Paper WP. 238, 1993.

[186] Pearce D, Markandya A, Barbier E B. Blueprint for a Green Economy [M]. Earthscan, 1989.

[187] Pfaff A S P, Chaudhuri S, Howard L M N. Household Production and Environmental Kuznets Curves—Examing the Desirability and Feasibility of Substitution [J]. Environmental and Resource Economics, 2004, 27 (2): 187 – 200.

[188] Preacher K, Hayes A. Asymptotic and Resampling Strategies for Assessing and Comparing Indirect Effects in Multiple Mediator Models [J]. Behavior Research Methods, 2008, 40 (3): 879 – 891.

[189] Puhani P A. Poland on the dole: The Effect of Reducing the Unemployment Benefit Entitlement Period During Transition [J]. Journal of Population Economics, 2000, 13 (1): 35 – 44.

[190] Rothman D S. Environmental Kuznets Curves—Real Progress or Passing the Buck? A Case for Consumption-Based Approaches [J]. Ecological Economics, 1998, 25 (2): 177 -194.

[191] Selden T M, Song D-Q. Neoclassical Growth, the J Curve for Abatement, and the Inverted U Curve for Pollution [J]. Journal of Environmental Economics and Management, 1995, 29 (2): 162 -168.

[192] Shafik N, Bandyopadhyay S. Economic Growth and Environmental Quality—Time Series and Cross Section Evidence [R]. World Bank, 1992.

[193] Sills E, Herrea D, Kirkpatrick, et al. Estimating the Impacts of Local Policy Innovation: The Synthetic Control Method Applied to Tropical Deforestation [J]. Plos One, 2015, 10 (7): 1 -15.

[194] Smith M J, Price G R. The Logic of Animal Conflict [J]. Nature, 1973, 246 (5427): 15 -18.

[195] Smith M. Evolution and the Theory of Games [M]. Cambridge University Press, 1982.

[196] Stern D I, Auld T, Common M S, et al. Is There an Environmental Kuznets Curve for Sulfur? [J]. Journal of Environmental Economics and Management, 2001, 41 (2): 1 -27.

[197] Stern D I. The Rise and Fall of the Environmental Kuznets Curve [J]. World Development, 2004, 32 (8): 1419 -1439.

[198] Stewart M B. The Impact of the Introduction of the U. K. Minimum Wage on the Employment Probabilities of Low-Wage Workers [J]. Journal of the European Economic Association, 2004, 2 (1): 67 -97.

[199] Stokey N L. Are There Limit to Growth? [J]. International Economic Review, 1998, 39 (1): 1 -31.

[200] Suri V, Chapman D. Economic Growth, Trade and Energy: Implications for the Environmental Kuznets Curve [J]. Ecological Economics, 1998, 25 (2): 195 -208.

[201] Taylor P D, Jonker L B. Evolutionary Stable Strategies and Game Dynamics [J]. Mathematical Biosciences, 1978, 40 (1): 145 -156.

[202] Thompson P, Cowton C. Bringing the Environment into Bank Lending: Implications for Environmental Reporting [J]. The British Accounting Review, 2004, 36 (2): 197 -218.

[203] UNEP. Measuring Progress Towards an Inclusive Green Economy [R]. UNEP, 2012.

[204] Weizsacker U, Hargroves K, Smith M H, et al. Factor Five [M]. The Natural Edge Project, 2009.